“十三五”国家重点图书出版规划项目

中国创新设计发展战略研究丛书

Next Generation Design

下一代设计

柴春雷 徐雯洁 孙凌云 著

ZHEJIANG UNIVERSITY PRESS
浙江大学出版社

图书在版编目（CIP）数据

下一代设计 / 柴春雷，徐雯洁，孙凌云著. — 杭州：浙江大学出版社，2018.11
ISBN 978-7-308-17477-0

Ⅰ. 下… Ⅱ. ①柴… ②徐… ③孙… Ⅲ. ①设计学 Ⅳ. ①TB21

中国版本图书馆CIP数据核字（2017）第246943号

下一代设计

柴春雷　徐雯洁　孙凌云　著

策　　划　徐有智　许佳颖
责任编辑　张凌静
责任校对　李瑞雪　杨利军
装帧设计　程　晨
出版发行　浙江大学出版社
（杭州市天目山路148号　邮政编码　310007）
（网址：http://www.zjupress.com）
排　　版　杭州林智广告有限公司
印　　刷　浙江新华数码印务有限公司
开　　本　710mm×1000mm　1/16
印　　张　10.75
字　　数　131千
版 印 次　2018年11月第1版　2018年11月第1次印刷
书　　号　ISBN 978-7-308-17477-0
定　　价　79.00元

浙江大学出版社市场运营中心联系方式：0571-88925591；http://zjdxcbs.tmall.com

序

设计是人类有目的地进行创新实践活动的设想、计划和策划，是将信息、知识、技术和创意转化为产品、工艺装备、经营服务的先导和准备，决定着制造和服务的品质与价值。设计推动了人类文明的进步，经历了农耕时代传统设计和工业时代现代设计的进化，正跨入创新设计的新阶段。创新设计是一种具有创意的集成创新与创造活动，它面向知识网络时代，以产业为主要服务对象，以绿色低碳、网络智能、共创分享为时代特征，集科学技术、文化艺术、服务模式创新于一体，并涵盖工程设计、工业设计、服务设计等各类设计领域，是科技成果转化为现实生产力的关键环节，正有力支撑并引领新一轮的产业革命。

当前，我国经济已经进入由要素驱动向创新驱动转变，由注重增长速度向注重发展质量和效益转变的新常态。“十三五”是我国实施创新驱动发展战略，推动产业转型升级，打造经济升级版的关键时期。我国虽已成为全球第一制造大国，但企业的设计创新能力依然薄弱。大力发展创新设计，对于全面提升我国产业的国际竞争力和国家竞争力，提升我国在全球价值链上分工的地位，推动“中国制造向中国创造转变、中国速度向中国质量转变、中国产品向中国品牌转变”，具有重要的战略意义。

2013 年 8 月，中国工程院启动了“创新设计发展战略研究”重大咨询项目，组织近 20 位院士、100 多位专家，经过广泛调查和深入研究，形成了阶段性的研究成果，并向国务院递交了《关于大力发展创新设计的建议》，得到了党和国家领导人的高度重视和批示。相关建议被纳入“中国制造 2025”，成为国家创新驱动发展战略的重要组成部分。

“创新设计发展战略研究”项目组的部分研究成果，经过进一步的整理深化，汇集成为“中国创新设计战略发展研究”丛书。希望该套丛书的出版，能够在全社会宣传创新设计理念、营造创新设计氛围，也希望有更多的专家学者深入探讨创新设计理论和实践经验。期待设计界同仁和社会各方团结合作，创新开拓，为中国创新设计、中国创造、人类文明的共同持续繁荣和美好未来开启新的篇章。

2018 年 4 月 5 日

前 言

当前我国正处在实施创新驱动发展战略，推动产业转型升级，打造经济升级版的关键时期。我国虽已成为全球第一制造大国，但企业设计创新能力依然薄弱，缺少自主创新的基础核心技术和重大系统集成创新。“提高创新设计能力”已经被作为提高我国制造业创新能力的重要举措列入“中国制造 2025”。

科技发展日新月异，3D 打印、互联网 + 、大数据、云计算、虚拟现实和增强现实、人工智能等纷纷登场。作为技术和艺术相统一的设计也在发生许多变化，在产品设计、视觉传达设计等方向的基础上产生了交互设计、服务设计、体验设计、商业设计等新的方向。设计从考虑功能和形式的单一模式发展到考虑产品、服务和系统的多元统一。有不少专家都以为，设计正在发生变革。

这些变革是如何产生的？背后的产业因素和技术因素有哪些？当前有哪些设计机遇？未来设计可能会怎样？这是本书想要探讨的问题。

本书分为五章。第一章回顾了从 20 世纪 70 年代以来设计的发展变化，着重分析了设计创新对产业发展的影响，以及设计创新对当下中国的意义。第二章探讨了近 20 年来设计诞生的新方向，包括交互设计、可用性和用户体验、服务设计、科技设计、商业设计、创新设计等，分析了其产生的产业和时代背景。第三章详细介绍了近 20 年来设计发生的变革，包括设计内涵的变化、设计链条的延长、设计构成的变化、设计对象的变化、设计工程和工具的变化、设计模式的变化等。第四章阐述了设计的机遇，包括开放融合造就设计机遇、技术与设计的融合产生突破性的创新、大数据时代的设计、在线设计、智能设计等。第五章探讨了设计要素的未来发展变革、设计的理念与方法的发展趋势、设计工具的发展趋势等内容。本书是对设计新理论的探索，为国内外学者共同探讨未来设计的发展提供了基础素材。由于作者的视野和水平所限，书中许多观点可能还有待进一步完善，希望能抛砖引玉，吸引更多的人关注并思考设计的未来。

本书的出版受到浙江大学—新加坡科技设计大学创新、设计与创业联盟，以及黄廷方慈善基金会的资助。本书受到国家社科基金艺术学项目（15BG084）的支持。在写作过程中，贺榆宵、吴旭宁制作了书中的图表，楼佳楠参与了文字的整理，邹敏和吴奇霏参与了初稿校对，一并表示感谢。

目　录

CONTENTS

第1章

设计创新成为重要的创新力量

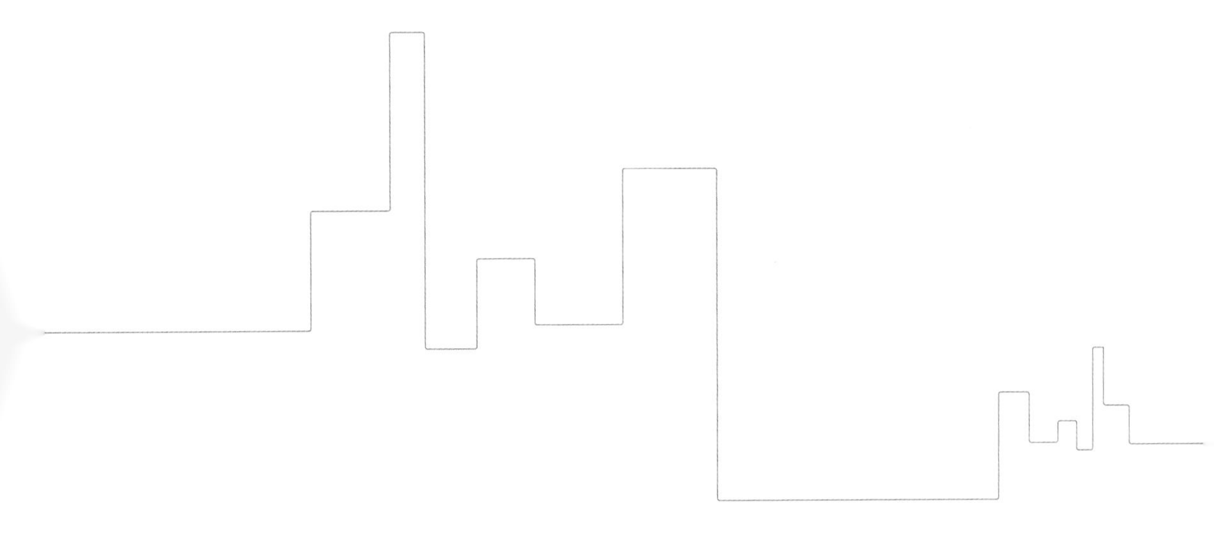

1.1 设计越来越重要

1.1.1 技术革命与设计创新

20世纪70年代，世界经历了一场前所未有的新技术革命。以微电子技术、生物工程技术、新型材料技术为标志的新技术革命，催生了一批伟大的科技公司。

1955年，20世纪最伟大的“创客”肖克利（W. Shockley）博士（被誉为“晶体管之父”）回到美国东部的故乡，创建了“肖克利半导体实验室”，吸引了一批杰出的人才加盟。1956年，8位骨干从肖克利半导体实验室出走，创立了仙童半导体公司。这家公司不仅成功地将晶体管技术产业化，开启了集成电路的技术之门，而且培育了大量的创业人才。后来，一批又一批“创客仙童”夺路而出，掀起了巨大的创业热潮，成立了英特尔公司（Intel）、高级微型仪器公司（Advanced Micro Devices, AMD）等著名公司，美国硅谷就此形成，引领人类进入集成电路时代。

紧接着，1964年，IBM推出了划时代的System/360大型计算机，从而宣告了大型机时代的来临。1981年8月12日，总部设在美国纽约州阿蒙克的国际商用机器公司（IBM）推出新款电脑IBM 5150（见图1-1），“个人电脑”这个新生市场随之诞生。

图1-1 IBM 5150
（图片来源：http://thecomputershop.wieldtheweb.com/wp-content/uploads/2011/08/ibm_5150.jpg）

硬件公司的诞生也催生了软件行业的发展。世界最著名的大学生辍学事件的当事人比尔·盖茨（Bill Gates），同保罗·艾伦（Paul Allen）一起于1975年创办了微软公司，凭借Microsoft Windows操作系统和Microsoft Office系列软件，雄霸世界软件市场。1977年，埃里森（Allison）与同事罗伯特·迈尔（Robert Miner）创立“软件开发实验室”（Software Development Labs），即后来的甲骨文公司，凭借在数据库领域的统治地位，甲骨文成为世界第二大软件公司。

至此，我们今天所用到的计算机软硬件公司逐步到位。而通信技术的发展，则推动了互联网的逐步成型。

1973年，摩托罗拉推出DynaTAC，现代手机开始发展。1984年12月，美国斯坦福大学的一对教授夫妇，将科研成果拿来创办了思科系统公司（Cisco Systems, Inc.），经过发展成为最大的网络设备制造商，在2000年曾一度超过微软成为世界上股值最高的公司。1985年7月，高通（Qualcomm）公司成立，无线电通信技术开始蓬勃发展。1994年，杨致远和大卫·费罗（David Filo）在斯坦福成立雅虎公司，并开创了互联网免费的先河。1998年9月，拉里·佩奇（Larry Page）和谢尔盖·布林成立了谷歌公司，互联网时代逐步到来。

这波令人眼花缭乱的技术变革，深刻地改变了人们的生活。而这本书要谈到的设计，从1919年包豪斯年代开始，稳步发展。坦白地讲，在这波改变世界的技术浪潮中，设计所起到的作用十分有限。但也正是这波浪潮，给设计带来了新的发展契机；也正是在这个火热的年代，设计开始加速发展。

我们仍然从这波技术浪潮中来谈设计的发展变化。

1.1.2 设计的发展变化

20世纪70年代，在美国硅谷诞生了一家科技公司——苹果电脑公司。该公司后被更名为苹果公司。苹果公司不仅带来了一系列令人惊叹的产品，还带动了设计的发展（见图1–2）。接下来就从苹果公司开始，窥一斑而知全豹，来看看设计自20世纪70年代以来的发展和变化。

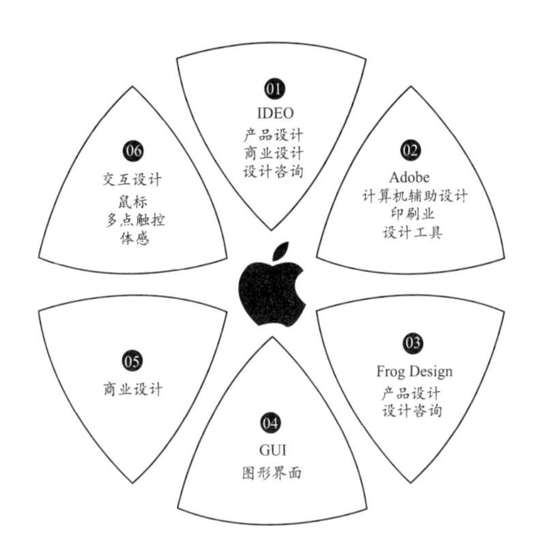

图 1-2　苹果公司带动了设计的发展

1.1.2.1　苹果公司和产品设计

1976 年，史蒂夫·乔布斯（Steve Jobs）、斯蒂夫·沃兹尼亚奇（Steve Wozniacki）和罗·韦恩（Ron Wayne）等创客小伙伴在车库中成立了一家小公司，取名为苹果电脑公司（Apple Computer Inc.）。之所以起这个名字，一方面是因为乔布斯喜欢苹果；另一方面，是因为英文“apple”在电话簿中排在“Atari”（雅达利）之前，而乔布斯曾经在雅达利工作过。沃兹尼亚奇是电子电路方面的极客，擅长敲敲打打并做出了一些创客小作品。

当时的电脑市场，被 IBM 和 Sun 等公司占据，占主导地位的是大型计算机、工作站和服务器等，个人电脑还不知为何物。可没有人能想到，苹果公司日后会成为世界上市值最大的公司。就像没人预料到辍学的比尔·盖茨会成为世界首富一样。当 IBM 公司和 Sun 公司专注于大型计算机时，苹果电脑公司则致力于个人电脑，并于 1977 年推出了 Apple Ⅱ——人类历史上第一台个人电脑。

苹果公司做电脑跟其他电脑公司思路不一样。其他公司把电脑当机器做，方方正正的主机和外壳，再搭配上命令行操作界面。今天用电脑的读者可能已经不知道命令是什么，比尔·盖茨发家致富的第一代产品——DOS 操作系统，就是命令行。当时很多人认为，机器嘛，敲几个命令能让它工作就行。乔布斯在美国里德学院接受过美学教育，他要把电脑当作“艺术品”来打造。

乔布斯找到了两家设计公司——IDEO 和 FROG（青蛙）来设计电脑产品。这两家小设计公司，日后成为世界上最知名的两家设计公司，不得不佩服乔布斯的眼光和影响力。其他设计公司慢慢发展，国内设计公司在 20 世纪 80 年代后开始起步，设计服务行业就此开始发展壮大。

青蛙公司成立于 1969 年，是苹果公司长期的合作伙伴，积极探索“对用户友好”的计算机，通过设计简洁的造型、微妙的色彩以及简化了的操作系统，取得了极大的成功。1984 年，青蛙为苹果设计的苹果Ⅱ型计算机（见图 1-3）出现在时代周刊的封面，被称为“年度最佳设计”。

图 1-3　苹果 II 型计算机

（图片来源：http://d.hiphotos.baidu.com/image/pic/item/a71ea8d3fd1f4134ec3c037c231f95cad1c85eac.jpg）

IDEO 成立于 1991 年，是由一群来自斯坦福大学的毕业生创立的，大卫·凯利设计公司（David Kelley Design）和 ID Two 合并成为 IDEO 公司，大卫·凯利曾于 1982 年为苹果公司设计出第一只鼠标，而 ID Two 则于同年设计出了全世界第一台笔记本电脑。那台 Grid 笔记本电脑现在陈列于纽约现代美术馆。苹果鼠标如图 1-4 所示。

1.1.2.2　苹果公司与图形界面设计、交互设计

美国施乐公司是技术创新的聚宝盆，研发了一系列新技术，但大部分

图1-4 苹果鼠标
（图片来源：http://c.hiphotos.baidu.com/image/pic/item/9d82d158ccbf6c81f2982beaba3eb13533fa4000.jpg）

技术没有得到产业化应用。乔布斯对施乐的技术仰慕已久，但技术是施乐的命根，不能轻易示人。后来施乐公司成立了投资部门，苹果公司是理想的投资对象。乔布斯答应卖施乐公司一些股票，交换条件是看看施乐公司高大上的技术。在双方的妥协下，乔布斯终于来到了施乐的研发中心。一开始，施乐给乔布斯展示了一些“入门级”的技术，但乔布斯不是那么容易被忽悠的，他略显愤怒，最后直接给施乐老总打电话，说看到的都是“小儿科”。施乐老总面子上有点过不去，指示给乔布斯看看“真家伙”。研发人员终于给乔布斯看了正在研发的图形界面等技术，这下乔布斯惊呆了，看着施乐公司鼠标能点击文件夹来操作文件，再看看自己电脑上黑色屏幕加白色命令符，简直是两个星球上的电脑在比拼。

参观完毕，乔布斯仍然难掩激动，他说施乐有一座金矿，却没有好好地利用。乔布斯决定立刻开发苹果的图形界面操作系统，这后来被成为史上最严重的技术盗窃。但好的想法只是成功的一部分，乔布斯凭借强大的执行力，在施乐的技术基础上做了许多重大的改进。比如，施乐的鼠标不能任意拖动窗口，而苹果开发的系统中，不仅可以任意拖动窗口和文件，还可以将文件拖到文件夹中实现剪切功能。经过长时间的研发，最终Mac电脑及其图形操作系统于1984年发布，震惊了世界。当其他电脑还在运行命令符号时，苹果电脑上已经开始运行漂亮的图形界面了。

自此，图形用户设计（graphic user design，GUD）成为现实，后来界面设计成为设计的重要方向。施乐公司为轻易向乔布斯展示机密成果而追悔莫及。

1.1.2.3 苹果公司和计算机辅助设计（图形设计）

1963年，计算机科学家伊凡·苏泽兰（Ivan Sutherland）在信息论创始人克劳德·艾尔伍德·香农（Claude Elwood Shannon）的指导下，在认知科学和人工智能专家、麻省理工学院人工智能实验室创始人之一马文·闵斯基（Marvin Minsky）等人的帮助下，发明了第一个交互式计算机程序——Sketchpad。通过它可以利用光笔（一种通过将显示器上的光线进行处理从而实现绘图等操作的输入设备）在显示设备上绘制简单图形。可以说它是最早的人机界面，是现代计算机辅助设计的始祖。

下面要讲述的仍然和施乐公司有关。两位技术牛人沃诺克（Warnock）和格什克（Geschke）从施乐辞职，开了一家小公司，从房前一条小河的名字得到启发，将公司取名为Adobe公司。这两位将在施乐不受重视的计算机控制复杂形状的技术重新优化改进，于1984年推出了PostScript软件。

乔布斯听说了这项技术，马上意识到这可以作为打印输出的控制程序。他首先出价500万美元，游说沃诺克和格什克加入苹果公司。奈何这两位刚从施乐出来，不愿意再为别人打工，只想享受创业的自在。乔布斯一计不成又生二计，他花150万美元购买了15%的Adobe公司股票。然后，利用自己对产品的独到理解，督促沃诺克和格什克将PostScript完善并作为驱动激光打印机的语言。当然，乔布斯也不是活雷锋，他推出了苹果公司的打印机Apple LaserWriter，与PostScript完美契合。这使得高品质图形打印成为现实，改变了桌面印刷出版业。

乔布斯总是能站在科学和艺术的交叉点上。在他的建议下，Adobe公司于1987年推出了Illustrator软件，可以让设计师用来绘制复杂的曲线。当然，这款软件首先应用在Mac电脑上。之后，Adobe公司收购改进后，推出了Photoshop软件。至此，苹果电脑加上Adobe公司的三件套（Illustrator、

Photoshop、PostScript）成为设计人员的最爱。直到今天，苹果电脑仍然是多数设计师的标配。

有了 Adobe 公司的产品，设计师可以将创意自由展现，计算机辅助设计由此正式开启。很难想象，没有 Adobe 公司的产品，设计师会怎样工作；同样地，也很难想象，没有乔布斯，Adobe 能不能如此精准地把握产品方向。沃诺克在怀念乔布斯的时候说道："如果没有史蒂夫当时的高瞻远瞩和冒险精神，Adobe 就没有今天。"

1.1.2.4　苹果公司与用户体验、交互设计

在智能手机出现之前，手机好不好用，是通过可用性来测试的，测试按键的舒适度、操作效率等。2007 年苹果公司 iPhone 手机的推出，重新定义了智能手机，采用多点触摸等技术手段，让手机操作起来又神奇又好用，由此催生"用户体验"，并使之成为一个流行热词，甚至催生一个专门的工作岗位。

进一步地，诸如加速度传感器、陀螺仪、距离传感器等传感器在手机上的集中使用也是从 iPhone 开始的。这些传感器和多点触控一起，让人们在人机交互的道路上前进了一大步，也带动交互设计从单纯界面设计进化到考虑多重交互方式和交互逻辑。苹果手机与其他手机对比如图 1-5 所示。

图 1-5　苹果手机与其他手机对比

简单总结一下，从苹果公司发展历程（主要选 2000 年以前与苹果公司有交集的案例）中可以看出，相关的设计各方向的发展如下：

1）IDEO 和 FROG 等设计服务型公司发展壮大；

2）计算机辅助设计工具的发展；

3）图形界面（graphical user interface,GUI）的发展；

4）用户体验、交互设计等的发展。

我们简单地以 2000 年为界来划分，从苹果公司扩展开来，可以看到从 20 世纪 70 年代起到 20 世纪末，设计的发展状况呈现出如下特点。

1）相比于技术创新，设计创新还未引起足够的重视，设计对社会进步的影响有限。

2）企业中独立的设计部门还比较少，企业有时候会需要设计公司的帮助；独立的设计公司以设计服务为主要业务模式，简单说就是，甲方给钱，乙方将产品做得好看又好用。

3）随着技术的进步，设计在快速发展，重要性也在增加。

1.2 21 世纪，设计创新成为驱动社会进步的重要力量

进入 2000 年以后，设计的作用迅速扩大，许多公司因设计而变得不同。设计驱动的创新成为创新的重要形式，成为社会变革的重要力量。

1.2.1 设计创新驱动苹果一度成为世界上市值最高的公司

进入 2000 年以后，苹果公司依靠设计创新，先后推出了 iPod、iPhone 和 iPad 等一系列创新产品，将苹果从电脑制造公司带入消费电子和内容服务提供商的行列，改变了人们的生活方式，成为当今世界市值最高的公司。设计成为苹果公司成功的决定因素，乔布斯和乔纳森设计了这一系列精彩绝伦的产品。

我们从渐进式创新和突破性创新两个方面来看苹果公司在 2000 年前后的设计。在 20 世纪 90 年代末，乔布斯回归苹果后，找到了乔纳森·艾维（Jonathan Ivy），建立了强大的设计部门。乔布斯既是首席执行官（CEO），也是伟大的设计师和产品经理。在他的主管下，苹果公司的设计部门成为创新之源，也成为神秘之处。在苹果公司，除了乔布斯等少数人，其他人是不能进入设计部门的。乔布斯选中了乔纳森作为设计总监，两人之间远远超出

了上下级的关系，甚至有并肩设计的味道。他跟设计师一起打磨、推敲创意概念和设计产品。

两人合作的第一款产品是 iMac，如图 1-6 所示。这款产品属于渐进式创新，但通过圆润可爱的造型、半透明的材质、主机和显示器一体化设计、邦迪蓝等五种色彩，一改电脑在热门印象中冷冰冰的科技形象，更像是富有亲和力的大玩具。iMac 在 1998 年 8 月上市后，6 个星期就卖出 27.8 万台，成为苹果历史上销售速度最快的计算机。这就凸显了设计的力量。

图 1-6　iMac
（图片来源：http://photocdn.sohu.com/20121019/Img355258412.jpg）

之后，在乔布斯和乔纳森的引领下，苹果公司在设计创新的道路上越走越远。基于乔布斯关于未来数字中枢的判断，苹果决定开发一款 MP3 音乐播放器，从电脑向数字产品进军。

苹果公司的目标是开发具有颠覆性交互操作并且能存储几百甚至上千首

图 1-7　苹果 iPod
（图片来源：http://2b.zol-img.com.cn/product/95_501x2000/65/cedOQwNLuCpiA.jpg）

歌曲的音乐播放器，这就是 iPod(见图 1–7)。iPod 开发过程我们不再赘述，最终第一代 iPod 于 2001 年 10 月呈现在世人眼前的时候，是一个能够储存 1000 首歌曲、有标志性的转盘控制音乐选择和播放、简洁到没有开关键的产品,iPod、耳机连同包装都采用白鲸白，同时这也是一个"诗意与工程紧密相连，艺术、创意和科技完美结合，设计风格既醒目又简洁" 的产品。当然唯一不诗意的是它的定价，399 美元。

颇为巧妙的是，苹果公司这时候还推出了 iTunes 音乐商店，每首高品质的歌曲定价只有 99 美分。这样，iTunes 和 iPod 完美结合，打造了一种新的商业模式，不仅 iPod 大卖，音乐作品也销量惊人。到 2007 年 1 月，iPod 的销售收入占到了苹果总收入的一半 , 同时也为苹果品牌增加了价值。然而更大的成功则来自于 iTunes 商店。在 2003 年 4 月发布后，6 天内卖出 100 万首歌曲，iTunes 商店在第一年一共卖出 7000 万首歌曲。

如果说 iMac 和 iPod 是渐进式创新的话，那么 iPhone 的推出，则重新定义了智能手机，属于突破性的产品。

在 iPhone 之前，随着互联网和移动网络的发展，大家纷纷揣测下一代手机，即智能手机是什么样。遗憾的是，大家普遍认为能上网看新闻、收邮件的手机就是智能手机。由此可以看出，阻碍产品进步的不是技术，而是对未来缺乏想象力。

在这种情况下，乔布斯带领团队秘密地开始了 iPhone 的研制。当然，苹果在手机领域没有任何经验，这也使得他们不用受任何传统力量的束缚。乔布斯和设计团度首先突破了按键手机的概念，当时市场上按键手机是主流，采用多点触控技术来实现操控。这不仅改变了手机的外观 (没有键盘)，而且彻底改变了手机的操作方式，在界面设计、交互设计、用户体验方面带来了变革。以前手机切换一个界面，需要用按键选来选去，现在直接在触摸屏上滑动一下手指即可实现。再加上传感器的应用，可以实现各种意想不到的功能。

更加关键的是，苹果手机还开创了 App Store 应用商店，让开发者开发各种应用程序，硬件和软件形成闭环，开创了移动互联网时代新的商业模式，不仅手机赚钱，而且 App 也可以分一杯羹。到了现在，吃、喝、玩、乐，社交、金融、移动支付等，通过手机全可以做到。而这一切，都归功于2007年iPhone手机的推出。某种意义上，苹果前进了一小步，人类向移动互联网跨出了一大步。

有人说，苹果手机没什么，我也能制造出来。但最重要的是概念创新，是创意取胜。光会制造有什么用？也有人说，苹果手机在技术上没有大的突破。这恰恰是设计创新的特点，重要的是整合技术并找到最佳的市场机会。光有技术有什么用？

iPhone的推出，将苹果公司的发展推向巅峰。如今iPhone手机仍然是苹果公司的主打产品。而这一切，要归功于设计驱动的创新。乔纳森在2012年由原来的工业设计主管变成设计高级副总裁，2015年其职位又变成了首席设计官（chief design officer）。这也说明了苹果公司对于设计的重视。苹果相关产品如图1–8所示。

图1-8　苹果相关产品

（图片来源：http://b.hiphotos.baidu.com/image/pic/item/314e251f95cad1c826f3fb25793e6709c93d5163.jpg）

1.2.2　设计创新驱动小米成为市值增长最快的公司

小米公司的成立颇有传奇色彩。雷军早年在IT行业兢兢业业，从1991年加盟金山软件公司成为第6号员工，一步步做到总经理，16年后，到2007年带领金山成功上市，雷军攀上了一名IT人所能达到的顶峰。之后雷军激流勇退，成为一名投资人，投资的卓越网等项目收获颇丰。但雷军似乎觉得还不过瘾，自己作为 IT 行业的先行者，看看身后的阿里巴巴、百度、腾讯等后起的互联网公司，觉得金山公司的成就还是不能让自己满足。

于是，2010 年，雷军拉了 6 个人开始创业。雷军是金山软件的董事长，林斌是谷歌研究院的副院长，洪锋是谷歌的高级工程师，黄江吉是微软工程院的首席工程师，黎万强是金山软件的人机交互设计总监、金山词霸总经理，周光平是摩托罗拉北京研发中心的总工程师，而刘德则毕业于世界顶级设计院校 ArtCenter。这个团队组合非常给力，小米公司随即诞生。

小米公司成立后，没有立即开始做手机，而是先从 MINU 开始做起。MINU 是小米在安卓系统上优化开发的一个系统，目标是提升手机系统的使用体验。初看没什么，但小米在做这个事情的过程中，采用了后来被称为“用户参与的创新模式”。每开发一版 MINU 系统或者做了改进更新，小米都通过网络社区听取用户的意见，并马上进行进一步的更新。这样就形成了用户跟产品之间的良性互动，成功吸引了一大批 MINU 的“粉丝”，为后来小米手机打下了客户群的口碑基础。

很难说雷军什么时候认识到设计的力量，但想必他一定仔细研究过苹果公司的发展历程。从 MINU 到小米手机，小米在设计方面投入很多，甚至小米的发布会都跟苹果神似，以至于雷军被称为“雷布斯”。但不论如何，从雷军身上，我们可以看到，一个人是什么专业出身的不重要，重要的是关键时刻具有必备的专业素养。雷军是计算机专业出身，但并不妨碍他用设计创新的方式来做小米的产品。

2011年8月，小米手机1开始对外发布。到2012年6月，小米手机销量超过300万部，公司估值40亿美元。2013年8月，小米手机估值100亿美元。到了2014年底，公司估值达到450亿美元。2015年，小米手机出货量位居国内第一位，达到7000万部。

小米手机令人惊讶之处除了发展速度之外，还有两件事。一是小米手机的设计。小米手机1打着“为发烧而生”的口号，凭借“高配低价”以及MINU的口碑引起了轰动；而小米4则凭借“一块钢板的艺术之旅”将它送上了小米家族当时的巅峰。到了小米MIX，本土设计基因与国际知名设计师菲利普·斯塔克（Philippe Starck）合作，融入中国榫卯工艺与陶瓷材质，共同打造限量概念手机。小米系列家族产品如图1–9所示。

图1-9　小米系列家族产品
（图片源自：http://img.cnmo-img.com.cn/1356_600x375/1355109.jpg）

小米 MIX，这款全面屏概念机颠覆了我们对于手机设计形态的固有思维，额头和下巴并不是必须存在的。同时令人吃惊的是，这款手机居然已量产发售。

二是小米手机的价格。当时国内的智能手机大部分是苹果、三星、HTC等，基本上都要 2000 元以上。而小米手机这么好的配置和设计，才卖 1000 元以下。在很多人看来，这几乎是成本价都不到。许多人都大惑不解，后来大家才明白，这就是所谓的互联网思维。雷军自己总结的互联网思维七字诀“专注、极致、口碑、快”，很快风靡国内，并影响了一批创业者，其热度到 2016 年才渐退。

纵观小米公司的发展，很多人不理解，为什么这个没有技术积累，也没有生产能力的公司竟然可以在竞争激烈的手机市场中迅猛发展？很重要的一点是，小米公司通过设计创新，整合手机软硬件技术，整合供应链生产，寻找到独特的高配低价的市场机会，打造自己的产品。尽管近两年小米的势头有所下滑，但小米及其设计创新的力量，仍然值得学习和探究。

1.2.3 设计成为 IT 公司的重要推动力量

设计本来是和制造业紧密联系的，从交互设计和用户体验开始，设计和 IT 行业开始交融起来。

正所谓不怕不识货，就怕货比货。IT 行业发现，软件只有好功能还不够，好看好用也很重要。尤其是在互联网时代，体验的好坏更是决定了软件的竞争力。于是，软件和互联网公司纷纷成立了设计部门。从产品经理、交互设计师、视觉设计师、用户体验师等一批跟设计相关的岗位应时而生，改变了 IT 公司里全是“码农”的单调局面。

我们从国内几家互联网公司巨头来看看设计的作用。

1.2.3.1 支付宝的本土化设计

支付宝的兴起一开始是为了解决网上电子商务买卖双方交易诚信问题，就是买家怕给了钱卖家不发货，卖家怕发货了收不到钱。支付宝就做了一个中间平台，买家的钱先到支付宝，卖家发货，买家收到货确认无误后，支付宝再把钱转给卖家。这一套流程设计很精巧，但跟国外最早的网络支付工具 Paypal 类似，没啥可以大书特书的。

图 1-10 支付宝部分截面

跟 Paypal 一样，最初的支付宝是一个网络支付账号，需要基于网页版实名制申请。后来，支付宝开始结合国内实际情况，进行了一系列的本土化设计，迅速发展。2008 年开始推出手机支付，如图 1-10 所示，除了原来给电商用，还可以支付水、电、煤等生活费用。以前支付电费要么跑供电公司、要么跑邮局，有了这个功能，再也不用跑腿了。支付宝 App（移动支付）之后集成了越来越多的功能，还推出了余额宝，开启了互联网金融时代，让马云的“如果银行不改变，我们就来改变银行”话语成为现实。

支付宝除了功能性的设计之外，在视觉、交互、体验设计上做得也相当出色。功能这么多，你却很少感到烦琐。相反，扫码支付、收钱、转账等核心功能体验流畅。再对比苹果公司的移动支付功能，会发现它们不在一个层面上。Apple Pay 需要商家提供收款设备，而支付宝等只需要二维码就搞定。在本土化体验层面上，Apple Pay 等几乎不具备竞争性。

1.2.3.2　微信

腾讯靠 QQ 起家，手机兴起之后，有了手机端的 QQ，但 QQ 只是聊天工具。智能手机兴起后，大家认为，移动端会兴起新的即时通信工具，这对 QQ 是巨大的威胁。况且当时市场上有一款基于手机通讯录的聊天工具 KiK，该 App 上线没多久就吸引用户上百万。

2010年10月，腾讯决定开发移动端通信工具，当时面临的问题集中在亮点、产品方向和用户体验上。如果开发的仅仅是聊天工具，QQ就够了；如果用户体验不能做得卓越，竞争对手将会胜出。况且当时市场上还有小米公司的米聊产品在领跑。

微信 1.0 推出的时候，只是短信的交互，没什么特别，微信的用户并没有出现爆发式的增长。微信 2.0 的时候加入语音功能，米聊在此之前推出了语音对讲功能，用户反应不错。2011 年 8 月，微信 2.5 版本增加了“查看附近的人”功能，支持陌生人交友。2011 年 10 月，微信 3.0 增加了“摇一摇”和漂流瓶功能。这三个功能设计使得微信的用户呈爆发式增长，在竞争中站稳了脚跟。

而在功能设计的基础上，体验设计同样非常重要。以“摇一摇”为例，功能设计为摇一下手机，就和远方一个人连线上了。核心要点是通过最简单、最自然的动作，去满足用户一种最本能的行为习惯，达到可以和别人连接的目的。微信的体验要做得非常流畅，做到最简化。之后虽然很多 App 有类似功能，但体验上并没有超越微信的。

2011 年 12 月，微信推出 3.5 版本，增加了“扫一扫”功能。2012 年 4 月，微信 4.0 版本推出了朋友圈功能，支持把照片分享到朋友圈，让微信通讯录里的朋友看到并评论，从此开启了移动社交平台之路，微信自此成为 No.1 的社交平台，其他人再也无法追赶。而微信朋友圈的设计，先后有 20 多个版本，界面设计稿子开发了一代又一代，最终才成为我们现在看到的朋友圈设计。

微信和米聊界面对比图如图 1-11 所示。

图 1-11　微信和米聊界面对比

（图片来源：http://www.th7.cn/d/file/p/2014/10/31/00bb2ac4f37d5f907736f76676569e44.png）

由此可见，在移动互联网时代，功能设计和用户体验是产品成功的两个重要方面。在 IT 行业之初，往往是通过调研用户需求来规划软件功能，进行软件开发，软件工程师起了决定性作用；到了移动互联网时代，许多 App 的开发，功能设计更多运用的是设计思维，即洞察出用户还未想到的功能，进行体验设计并实现，设计驱动在这里起到了关键作用。

1.2.4　设计驱动的创新对于当下中国的意义

如图 1–12 所示，我们来简单对比一下几个国家的创新模式。

美国、德国、日本等国家，有强大的技术创新能力，这可以从诺贝尔奖的数量看出来，技术创新能力可以确保国家强大，就是想做什么都能做出来，高精尖的都可以，航空航天、精密医疗设备、高端机床等。同时，这些国家也有强大的设计创新能力，可以保证技术转化为好的产品，占领市场，使得国家富裕。美国、德国、日本，他们有无数个设计精良的产品品牌，行销全世界。

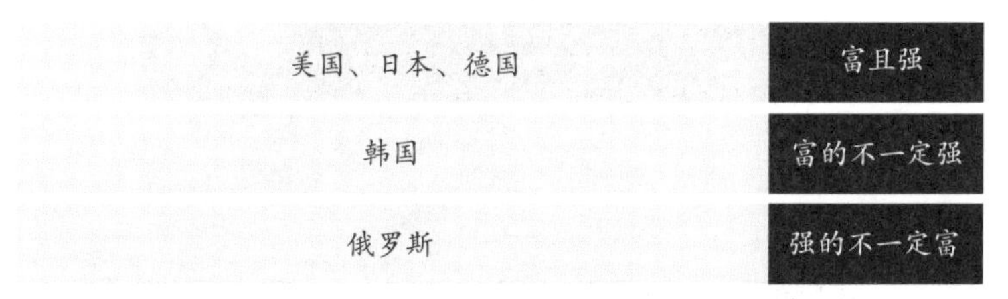

图 1–12　几个国家的创新模式对比

以美国为例，美国在技术创新和设计创新方面都做得很好，美国既有强大的基础研究能力，又有强大的技术产品化能力，以斯坦福和硅谷为代表，能够把基础研究和市场结合起来。因此，美国既有飞机发动机（见图 1–13）等技术创新型公司，又有苹果、特斯拉（Telstra）（见图 1–14）、爱彼迎（Airb&b）等设计驱动创新的公司。美国既强又富，引领世界创新。

图 1–13　美国发动机

世界上还有俄罗斯这样的国家，技术创新能力不弱，尤其是在苏联时代，他们在航空航天、军事工业等领域，有强大的实力，一度可以和美国相抗衡。但另一方面，俄罗斯的设计创新能力比较弱，技术不能被转化为有竞争力的产品。可以看到，俄罗斯的民用产品在世界上并没有什么影响力。所

（a）

（b）

图 1–14　美国产品（特斯拉）

以说只有技术创新，就可能造成“强的不一定富”。俄罗斯军工产品和民用产品分别如图 1–15 和图 1–16 所示。

再来看看韩国，这对中国很有参考意义。韩国的技术创新能力一般，不比中国强多少，没有诺贝尔奖获得者，但韩国特别擅长设计创新，把技术转化为产品的能力很强。三星（三星从中国台湾地区挖了不少人才，在存储器、显示屏及集成芯片等方面很厉害）、LG、现代汽车等大企业，产品畅销全世界。由此可见，技术创新能力不强的，也能够富裕，韩国已经迈入发达国家行列。

再来看中国，我们在技术创新方面进步很快，但坦白来讲，引进消化吸收再创新的味道更浓，原始创新能力仍略弱。从某种程度上讲，原始创新能力不提高，我们国家不可能诞生像波音、通用、谷歌等原创性、引领性的世界级企业。我们国家无论是设计教育还是设计实践，设计创新能力非常不错。以手机行业为例，小米、华为等一批手机企业，依靠设计创新，把技

图 1-15　俄罗斯军工产品

图 1-16　俄罗斯民用产品

术、用户、商业等要素整合在一起，在国内外市场上占有一席之地。

因此，我们国家在现阶段，依靠设计创新，完全可以实现国家富裕等问题。慢慢地，随着技术创新能力的逐步提高，国家将越来越强大，最终实现强大又富裕。

1.2.5　设计创新的再认识

2014 年，意大利米兰理工大学教授罗伯托 · 维甘提（Roberto Verganti）出版了《第三种创新 ：设计驱动式创新如何缔造新的竞争法则》，系统地总结了技术推动的创新、市场拉动的创新和设计驱动的创新这三种方式对创新的

不同推动作用（见图 1–17）。

市场拉动的创新，起点是分析用户需求，以用户为中心，不断满足用户日益增长的物质文化需要，可以视为市场拉动创新。比如吉列剃须刀，从一个刀片扩展到多个刀片，使得刮胡子的需求日益得到满足。

技术推动创新，来源于技术突破对于产业的冲击，通常能形成竞争壁垒，带来长期丰厚的回报。比如航空发动机，GE 和罗罗两家公司，通过技

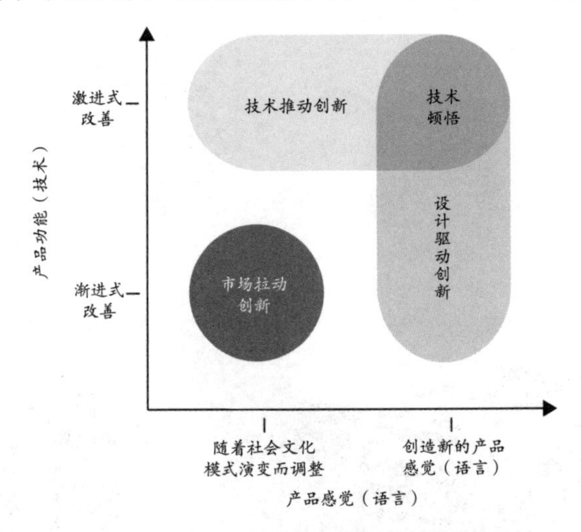

图 1–17　三种创新力与技术顿悟的模型
（资料来源：罗伯特·维甘提（Roberto Verganti）. 第三种创新：设计驱动式创新如何缔造新的竞争法则 [M]. 北京：中国人民大学出版社，2014.）

术创新，牢牢占据了波音和空客等航空市场，其他公司无法参与竞争，因为没有技术可以做出如此好的航空发动机。

从图 1–17 中可以看出，设计创新既有渐进式的改善，也有通过技术顿悟创造新产品带来激进式的改善，是连接技术和市场的重要手段。设计创新最厉害的地方在于即使不通过技术的进步，也能带来激进式的改善（突破性创新），带来超期望的产品，比如苹果公司的设计创新。

不论是工业界，还是学术界，对于设计创新的认识都在深化。上述观点也能对设计驱动的创新为什么能成为推动社会进步的重要力量，做一个初步的解答。

第2章

设计新方向

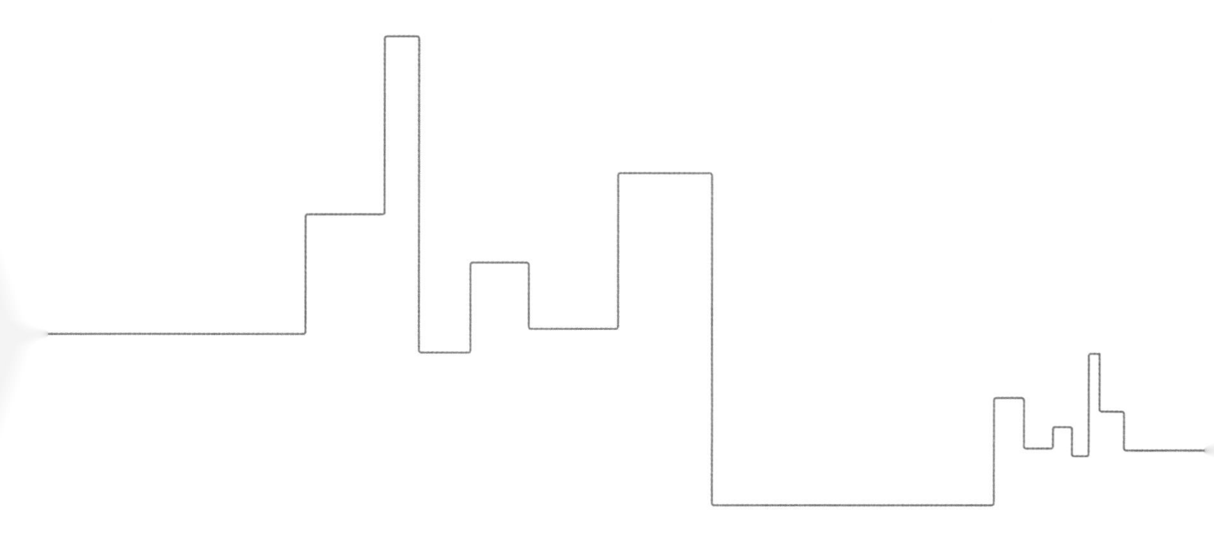

随着技术的不断进步和设计理论的不断发展，近 20 年来，新的设计方向不断涌现，推动设计逐步走向创新的核心舞台。

2.1　从无到有的交互时代

2.1.1　交互的发展

在农耕时代，人和器物之间的交互关系非常直接。像手工工具，基本上就是握持，而像生火做饭的锅和壶，可以产生蒸汽作为视觉交互，告诉人们饭菜熟了或者水烧开了。

第一次工业革命后，伴随蒸汽机的发明，各种机械工具层出不穷，人和机器的交互手段日趋多样。这个时候，人们通过按钮、把手、开关等来操控机械，用仪表（视觉信息）来反馈机械的状态（如温度等），用声音信息来提示异常情况。

后来，随着声、光、电技术的进步，人和机器之间的操控交互越来越方便。当液晶显示屏乃至触摸屏、计算机及微处理器、各种传感器出现后，人和机器、人和计算机的交互变得无处不在。我们在这里讨论的交互设计主要是指人和计算机（包括移动手机）的交互，着眼点在于交互界面和操作逻辑。

2.1.2　交互设计

如上所述，人和机器之间的交互是随着技术的进步不断发展的。1984 年，交互设计这一词被 IDEO 的创始人比尔·摩格理吉（Bill Moggridge）提出来时，大多数人都还不了解到底什么是交互设计。关于当时的计算机操作系统，苹果开始采用图形用户界面，微软的视窗操作系统还未出现，人和计算机的交互主要通过命令行来控制。随着图形用户界面的发展，交互设计慢慢得到重视。

最初的软件图形用户界面，设计和开发都是由程序员完成的。程序员既是交互设计师，又是软件工程师。当时软件功能排第一，交互和体验排第二。以管理信息系统（Management Information System，MIS）和企业资源计划（Enterprise Resource Planning，ERP）系统为例，系统功能往往比较复杂，界面上的输入框、信息列表、按钮非常多，所以软件开发出来之后，必须有一道工序叫用户培训，不然用户哪里知道怎么用呀。用户在使用过程中，碰到疑难问题首先怀疑自己操作有误，而不去怀疑是不是软件的交互和体验设计不好。交互界面的发展变化如图 2-1 所示。

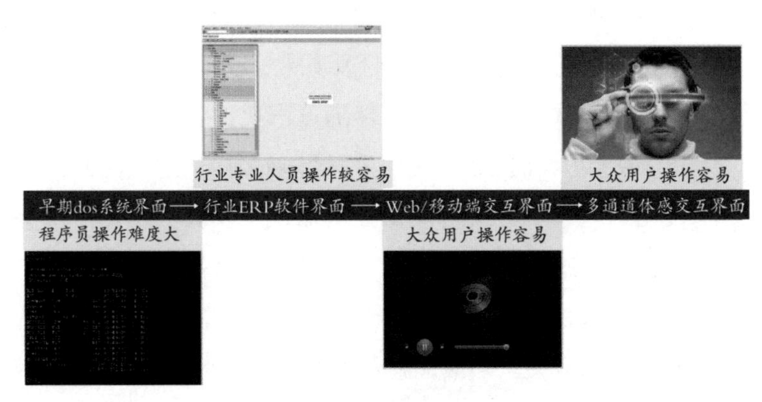

图 2-1　交互界面的发展变化

随着互联网的发展，互联网产品逐渐变得“轻量化”，产品出现和发展速度也大大加快，用户数量也是“天文级”数字，这时不能再信赖于软件培训，产品要让用户马上就能用、会用、好用。因此，逻辑和体验变得越来越重要，交互设计逐步被认可，发展到后来，国内有实力的 IT 企业逐步将交互设计和用户体验上升到一定高度，如淘宝、腾讯、百度等公司。以淘宝为例，每天有无数的购物爱好者上淘宝，希望能方便地浏览商品信息，快速地找到自己满意的商品，即时地与卖家沟通，以及便捷地进行支付。因此，淘宝网不仅要设计得美观，而且更要考虑用户使用方便，专业的交互设计和用户体验成为必需。

随着智能手机的普及，移动端交互设计克服了只能用鼠标、键盘进行输入的局限，多点触摸、重力感应、手势滑动、语音识别、摄像头、各类体感器等交互手段纷纷登场，交互设计有了更多施展的空间。移动端用户群飞速壮大，原来的 PC 端程序纷纷演化为各种移动端 App。移动端 App 除了界面、交互逻辑要充分考虑操作方便高效外，还需要结合移动端特有的传感器来考虑功能设置，比如，基于定位功能，旅游类 App 能比 PC 端更方便地推荐周边的酒店和餐饮。

从用户的角度来说，交互设计是在解决产品的可用性和易用性，致力于了解用户的需求并且满足用户的期望。交互设计离不开三个基本要素——“机器（系统）”“人”“界面”，所以“交互”这个词更多跟人机交互联系在一起。人通过人机界面向计算机输入指令，计算机经过处理后把输出的结果反馈给用户。

当前交互设计要考虑的主要问题有：

1）界面美观简洁。这是交互设计视觉上的基本要求，设计师需要发挥自己的美学优势，设计出赏心悦目的界面，让用户第一眼就喜欢上该界面。

2）操作逻辑简单高效。这是交互设计的核心，如果说视觉上美观是外衣的话，那操作逻辑就是躯体，躯体是否灵活高效，决定了交互设计的可用性。

3）用户体验良好。这是交互设计的最终目的。除了视觉和交互逻辑，还需要考虑与交互产品相关的整体产品和服务的工作情况，这些共同构成了用户体验。

例如，时隔一年，苹果官方正式发布了全新的 iOS 11，单看控制中心面板就做了极大的改变（见图 2–2）。图 2–2（b）为 iOS 11 改版后的界面样式。iOS 11 之前的版本控制中心都是固定的，无法更改，大部分用户对于没有关闭开启数据网络这点比较不满。而现在 iOS 11 加入了数据开关，其底部的快捷程序也可以进行自定义编辑。点击设置—控制中心—选择添加相应按钮即可。全新布局方式，既满足了用户个性化的功能需求，又缩短了用户的常用操作路径，可以说是兼顾了可用性与易用性的好例子。

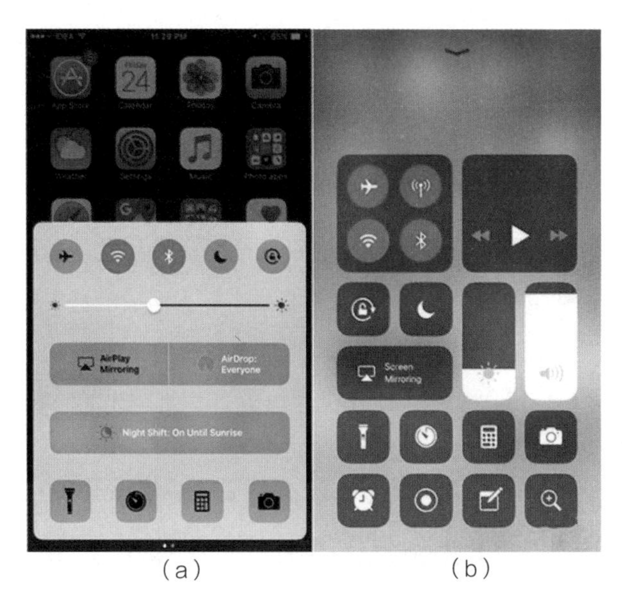

（a）　　　　（b）

图 2-2　iOS 11 与 iOS 控制中心对比

（图片来源：http://pic.chinaz.com/2017/0607/17060711523387063.jpg）

2.1.3　交互设计展望

未来随着人工智能、大数据、虚拟现实等技术的进步，交互设计可能会发生更多的变化：

1）交互逻辑可能更加简单。以智能驾驶为例，现在的驾驶 HMI 系统及界面比较复杂，未来在智能驾驶情况下，可能只需通过语音或者简单界面告诉车辆你想去哪里即可（见图 2-3）。

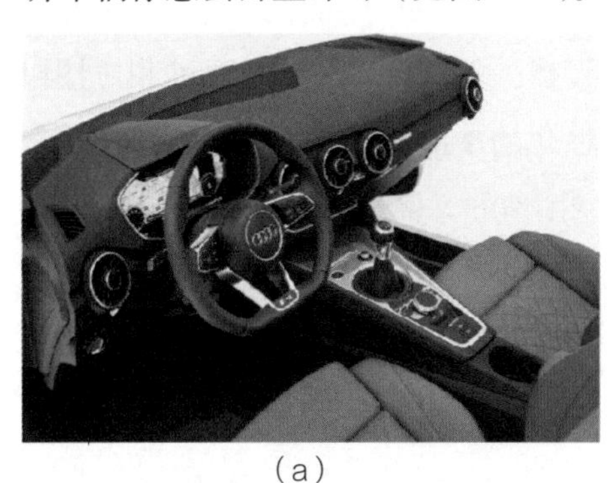

（a）　　　　（b）

图 2-3　汽车 HMI（a）和无人驾驶界面（b）对比

2）交互元素可能更加丰富。目前计算机和移动终端的交互元素已经比较丰富，除了鼠标键盘，还有各类传感器，图像、眼动、语音输入也逐步成熟。未来可能会进一步丰富，如脑机交互等。

交互设计的历史发展如图 2-4 所示。

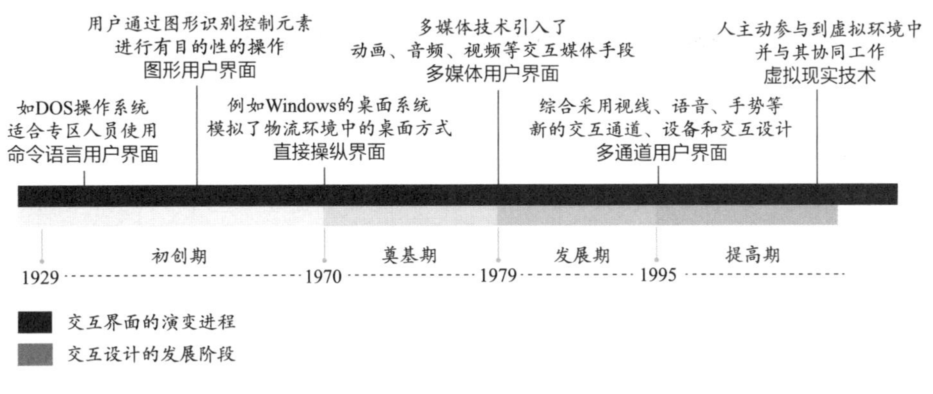

图 2-4 交互设计的历史发展

2.2 服务设计与服务至上

有时候，我们面临的设计对象也不单单是一个产品，而是一个复杂的系统，比如公交自行车系统怎么设计能使用户使用起来更方便？如何通过改善老年中心的用具、环境等一系列的设计来提升老年人的生活质量？通过怎样的设计可以为单纯的咖啡售卖附加更多体验价值？……服务设计的出现解决了上述问题。

1984 年，肖斯塔克·利恩（Shostack G. Lynn）首次将“设计”与“服务”结合，这便是后来服务设计的雏形，20 世纪 90 年代英国设计管理学教授比尔·霍林斯（Bill Hollins）在《全设计》（*Total Design*）一书中也提出“服务设计”的观念。进入 21 世纪后，国外的一些设计公司比如 IEDO 和青蛙（FROG）等纷纷开始进行了有关服务设计的实践工作，开展了众多横跨产品、服务、空间的商业咨询项目（见图 2-5）。与国外相比，国内对服务设计的关注比较晚，最早是 2008 年江南大学举办的关于服务设计的研讨会和工作坊，在后来几年的发展中，国内的一些知名设计机构比如洛可可等设计公司开始进行类似实践。

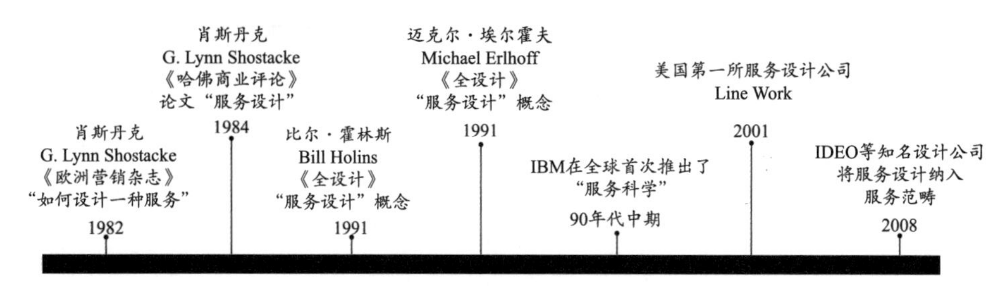

图 2-5 服务设计的历程发展

人们除了购买产品以外，还希望有更好的体验和服务。我们可以通过一个例子来比较产品设计和服务设计的不同。比如在过生日时，人们希望购买美味的生日蛋糕，希望在生日蛋糕上定制祝福话语，以及附送生日蜡烛。如图 2-6 所示，商家提供的产品如果到此为止，那么这仅仅是完成了一个产品设计任务。但如果有商家愿意提供一整套的生日服务，比如提供环境优雅的场地，营造生日的氛围，配以演奏等节目，将整个生日活动安排得精彩纷呈，让过生日的人享受难忘的体验和服务，这就属于服务设计的范畴。如今随着人们物质生活水平的提高，对自身价值与体验的不断重视，用户对服务设计的需求也越来越强烈。

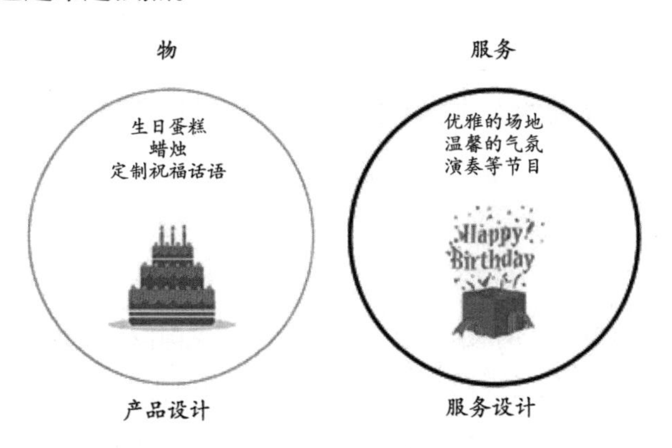

图 2-6 产品与服务设计

另一方面，信息的扁平化使得原本相对独立的问题被串联起来，导致问题越来越复杂化和综合化。并且，很多问题属于另一种完全不同的类型——棘手的问题。世界上充斥着形形色色的棘手问题：石油枯竭、人才争夺等。

用一个老掉牙的比喻，就是试图解决棘手问题，就好像抓住一把沙子：你抓得越用力，就会让越多沙子从指缝中溜过；你想得越深，问题就会变得越棘手。棘手的问题不仅比困难更难、更复杂，还涉及更多变数或利害关系人。如果仅用分析式的思考，不论技巧多娴熟，可能还是无法找到棘手问题的解决方案。

这些棘手的问题需要综合各行各业的人，在一种开放互动的环境中共同解决。而设计可以作为一种通用“语言”，营造出开放的环境。正如纽迈尔（Neumeier）所说，“这些棘手的问题可以比作设计的问题，因为设计总是面对没有明确定义的问题，并且需要保持创造性。”

下面来看通过服务设计来解决复杂问题的案例。美国银行曾面临难题，如何在与其他银行的信用卡大战中胜出？如何让用户都愿意用美国银行的信用卡？他们和 IDEO 公司的设计师合作，寻求解决之道。设计师们通过一系列对潜在客户的观察、访问和咨询，发现美国多数购物者对零钱没有概念，在超市购物后，往往会支付整数，比如 18.9 美元，会支付 20 美元，剩余的零钱往往会拿回家，放到储蓄罐里。在支付水电费等账单的时候，也存在这样的现象。

基于此现象，美国银行开发出一种独特的银行借记卡，在每次购物支付或者账单支付时，会支付最接近的整数，将剩下的零钱自动存入另外一个单独的银行账户内。这种功能既免去了零钱找取的烦恼，又给用户感觉无时无刻不在增加财富，有种消费次数越多，存的钱越多的味道。这种银行卡在投入市场后的第一年就喜迎了超过 250 万户的主妇和儿童客户。一个看似简单的设计却引发了“多米诺”效应，服务设计在流程设计中的重要性也可见一斑。

2.3　可用性和用户体验

2.3.1　人机工程与可用性

可用性和用户体验是当下比较热的方向，尤其是用户体验，在专业和非专业人士中都会屡屡被提及。只要是对产品不满意，就说是用户体验差。这两个概念脱胎于传统的人机工程。

图 2-7　航天飞机驾驶舱内部
（图片来源：http://upload.wikimedia.org/wikipedia/commons/3/30/STSCPanel.jpg）

人机工程在大工业时代受到重视，在汽车驾驶室、飞机驾驶舱（见图 2-7）、潜艇、大型工厂等内，人机工程在协调人机环境关系，减少操作失误、提升工作效率等方面发挥着重要作用。

20 世纪 80 年代，随着计算机技术的发展，可用性概念由人机工程领域提出，并在实践过程中的不断应用和发展，可用性逐渐有了更具操作性和更为具体的操作流程和指标。根据 ISO 9241-11 的定义，可用性是指在特定环境下，产品为特定用户用于特定目的时所具有的有效性、效率和主观满意度。使可用性与工业心理学密切相关，也正是工业设计心理学实验方法的支撑，使可用性形成了比较完善的理论和方法体系，包括可用性的度量指标。

可用性作为一种测试产品（实体产品和软件界面）的指标，效果显著。一方面，它通过眼动仪、动作分析仪、实时监控设备，可以对产品的有效性和效率进行比较客观、准确的评估。另一方面，通过访谈、问卷量表等，可以对产品的主观满意度进行评价。

在 2000 年以后，随着手机等电子产品以及互联网的普及，可用性在国内外得到应用和认可。从某种程度上讲，以手机为代表的通信产业促进了可用性的快速发展，而互联网的发展使得可用性得到进一步的应用。

如图 2–8 所示，运用眼动仪对 Facebook 网页设计进行可用性测试。结合眼动仪的路径分析，可以清楚地看到当人们在浏览 Facebook 网页时的浏览路径、注意力停留时间、关注焦点等。根据这些测试数据，设计师可以更好地调整网页的展示形式、浏览体验以及更好地得出广告资源应该投放的位置等。由此可以看出，可用性测试还是十分有效的。

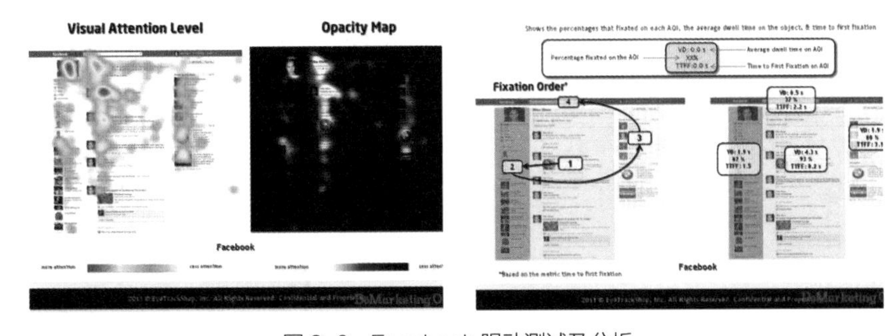

图 2–8　Facebook 眼动测试及分析
（图片来源：http://www.domarketing.org/uploadfile/2011/1205/20111205120949340.jpg）

2.3.2　用户体验

ISO 9241–210 标准将用户体验定义为人们对于针对使用或期望使用的产品、系统或者服务的认知印象和回应，即用户在使用一个产品或系统之前、使用期间和使用之后的全部感受。因此，用户体验是主观的，且其注重实际应用时产生的效果。用户体验在 20 世纪 90 年代由诺曼（Norman）提出，一开始是设计领域的小众词汇，从 2007 年开始真正成为大众热词。

2007 年，iPhone 手机横空出世，手势、重力感应等多种交互方式，各种各样的 APP 应用，使得手机体验跟以前所想完全不同。大家这一体验惊呆了，原来手机除了发短信、接电话、上网，还能这么玩。于是，“用户体验”一词在国内迅速火热，国内做智能手机的企业也纷纷意识到体验的重要性：手机除了外观质量要做得好，使用的软件体验也至关重要。对于用户来讲，终于有个词语可以用来吐槽糟糕的产品和服务了，无论手机、其他产品还是服务，只要感觉不舒服，统统可以被贴上“体验”不好的标签，给差评。有人戏言，用户体验是个框，什么都能装。

从某种意义上讲，用户体验、可用性和人机工程有着千丝万缕的联系，我们有必要做一下对比。如图 2-9 所示，可用性、用户体验从人机工程脱胎而来，人机工程面向的对象主要是驾驶室、大工业系统、工业产品，在产品设计、建筑设计、室内设计等领域都需要考虑。可用性面向的对象包括消费类电子产品、互联网和移动互联网产品，在产品设计、交互设计领域要考虑。用户体验更加偏重互联网和移动互联网的应用，在交互设计领域要考虑。从影响力来讲，人机工程一直在相关领域得到重视并应用；其可用性从 2000 年左右开始引起重视，却随着 2007 年用户体验的火热而减弱，甚至到了大家只提用户体验，想不起来可用性的程度。

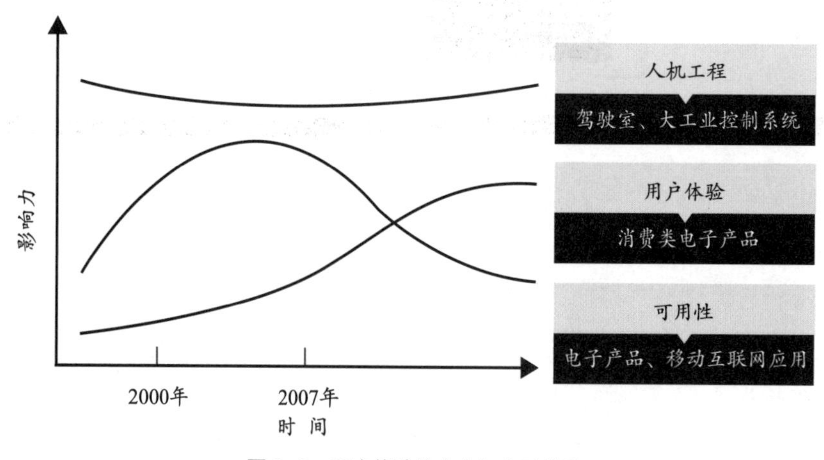

图 2-9　用户体验的由来与应对关系

我们重点来对比一下用户体验和可用性。如图 2-10 所示，可用性更强调客观指标测量，用户体验则更加偏重主观感受和体验。举例来讲，一个功能非常简单的产品，可用性可能非常好，但过于单一的功能可能导致用户感觉枯燥，其用户体验不一定好。

从定义上来讲，用户体验的范围比可用性要大得多。可用性重在让人高效、快速、满意地完成一项任务。至于用户在使用过程中是否有超预期的感

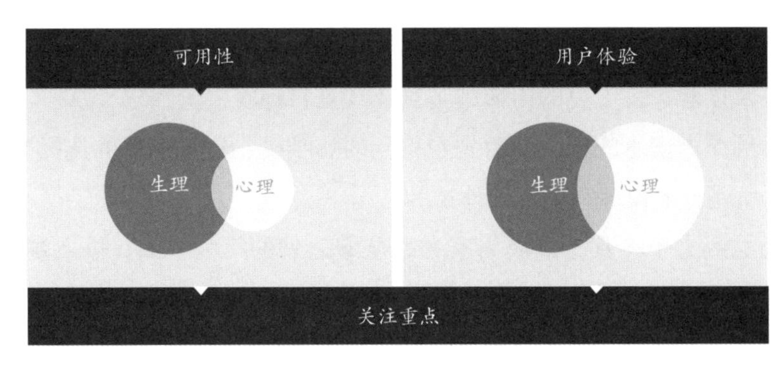

图 2-10　对比可用性与用户体验

受，是否积极地与产品互动产生情感联系，是否能记住该品牌，是否乐于向他人推荐等，则不予考虑。因此，可用性偏重于一个点，而用户体验则涵盖了更广泛的内容。

下面来看一下星巴克体验设计的例子。

在世界各地，包括国内的大城市，可以在很多醒目的地标建筑里看到星巴克（STARBUCKS COFFEE）的店面（见图 2-11）。点一杯咖啡或者茶，吃点点心，听着音乐，看看书、上上网，独坐或与朋友一起，度过一段美好的时光，这已成为很多人的一种生活方式。

图 2-11　星巴克门店

星巴克的成功，并不是因为它的咖啡比别的好喝，而是因为它提供了更好的服务及体验。星巴克的店内细节都体现着目标客户的需求，从一流咖啡豆选择，到原木皮革的家具，再到看得到的咖啡机、背景音乐的选择、书刊的提供，都是专业设计师精心设计过的。

星巴克致力于将其打造成为家和办公室之外的第三空间。进入星巴克，你会感受到空中回旋的音乐荡漾在你的心间。店内经常播放一些爵士乐、美国乡村音乐以及钢琴独奏曲等。这些音乐正好符合了那些时尚、新潮、前卫的白领阶层的审美趣味。

有这样一种说法，一流的公司卖体验，二流的公司卖服务，三流的公司卖质量，而星巴克无疑是出售体验的公司。

2.3.3 用户体验再探讨

从某种意义上来讲，用户体验不仅限于互联网行业和交互设计领域。相较于交互设计时不停地纠结文字、按钮的摆放位置，纠结颜色的深浅对用户体验的影响，某家商场通过用户研究，构建服务流程和场景，做好系统设计，不仅让用户愉快地吃喝玩乐一天，还能对该商场产生更深的情感共鸣，这样的体验设计是不是层次更高一点呢?

也可以说，判断设计的好坏，并不是看用户是否花了更少时间和精力去高效地完成给定的任务，而是看用户有没有强烈的动机来体验（消费）你的产品和服务，用户在试用产品和服务的过程中有没有叫好连连，有没有让用户成为品牌的铁杆粉丝，能不能让用户去把产品和服务推荐给亲朋好友。用户体验应该着眼于这个目标才有前景，仅仅让一个产品用起来更好，还远远不够。

2.4 科技与设计的融合

差不多 100 年前，德国包豪斯（Bauhaus）设计学校成立，现代设计教育由此发端。包豪斯强调技术和艺术的统一，设计要考虑结构、功能和美学，但由于当时仍然处于第二次工业革命时代，机械化、工业化是其主要特征，技术更新相对比较缓慢，可用于设计的材料仍然有限，由此设计美学（设计出漂亮的产品）成为设计教育中的重要方向。

到了近代之后，技术的更新大大加快，集成电路带来的自动化和信息化浪潮席卷全球。尤其是互联网，传感器、数字化浪潮、3D 打印、智能制造、人们也进一步认识到，设计与技术越来越密不可分。一项新技术的诞生和应用，总会催生新的设计机会，诞生新的产品或功能；一项新材料的应用，也会产生不一样的新产品和新设计。假如不了解新技术、新材料，就难以设计出具有突破性的产品。

技术与设计的结合有两条途径：一是设计为技术找到市场机会，填平技术与市场的鸿沟；二是设计整合技术，并推动技术的发展。新材料、生物技术、新能源等技术层出不穷之后，设计从未有如此多的技术可以加以运用，也从未面临如此多的机遇。

设计的实现以技术为基础，技术的更新对设计产生重要的影响。以汽车设计为例，内燃机的发明使汽车设计成为现实；钢材成型技术，使流线型设计得以实现，使汽车造型更加丰富，如大众甲壳虫的流线型设计；油漆技术的发展使汽车的色彩不再只是单一的黑色；电池技术的发展催生了电动汽车的产生；互联网技术、传感技术、图像处理技术、智能技术的发展使得智能驾驶成为可能。图 2-12 简单展示了几种依托不同时期技术的汽车造型。

马车型：奔驰 1 号　　箱型：福特 t 型　　船型：红旗 L5

鱼型：奥迪 A7　　楔型：兰博基尼

图 2-12　依托不同时期技术的汽车造型

2.4.1 设计为技术找到市场机会，填平技术与市场的鸿沟

如图 2-13 所示，在技术被发明的初期，难以一下子找到合适的应用机会，因此产业化比较缓慢。但一旦将技术与创新设计结合，就能促进技术产品化、商业化，走进广阔的市场空间，为用户提供新的产品和体验，这被称作“技术顿悟”（可带来颠覆性创新）。后期随着技术的日渐成熟与普及，同质化产品竞争加剧，技术对设计的作用逐步降低，直至被新的技术取代。

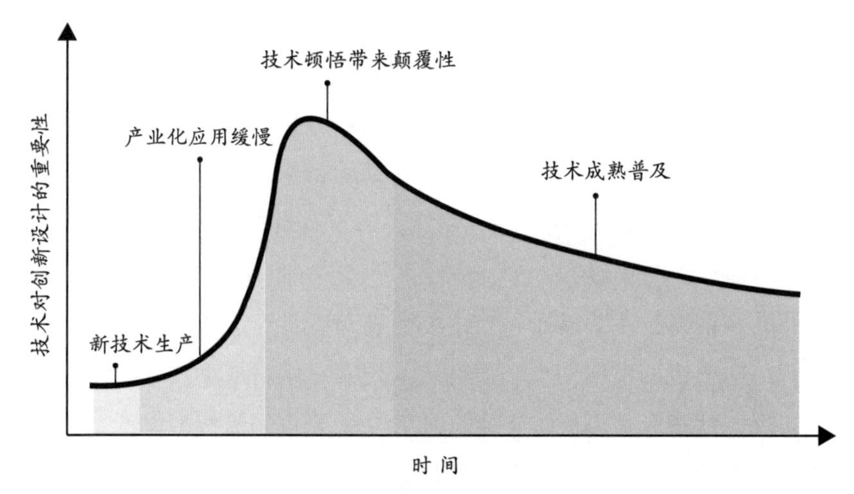

图 2-13　技术对设计的重要度曲线

我们可以以陀螺仪技术的诞生及应用为例，探析设计与技术结合的脉络。1852 年，法国物理学家莱昂 · 傅科（Lèon Foucault）为了研究地球自转，首先发现高速转动中的转子（rotor）由于惯性作用，其旋转轴永远指向一个固定方向，他将之命名为陀螺仪。19 世纪 60 年代，电动马达的演进使得陀螺仪能够无限旋转，进而促成了第一组航向指示器的原型，甚至是更复杂的仪器—旋转罗盘的诞生。

技术发展到这里，我们可以认为，这是一项有潜力的技术，但能为社会带来什么还不清楚。直到 40 年后，德国发明家赫尔曼·安修斯·康菲（Herman Anschütz Kaempfe）于 1904 年设计出了第一组有功能性的旋转罗盘，并申请了专利。1905 年，美国人埃尔默 · 安布罗斯 · 斯佩里（Elmer Ambrose Sperry）也自行设计了类似的产品。这时正值全球军事工业大发展，大家发现陀螺仪

可以用于飞机和船舰的导航，陀螺仪开始进入产业化。这个时候，可以说出现了基于陀螺仪的第一代突破性的产品，用现在更时髦的说法就是，颠覆性产品。到了 20 世纪末，原本用在飞机、导弹、火箭等军事用途的大型陀螺仪，从机械结构迈入电子时代，感应器逐渐集中，体积逐渐缩小，价格也逐步下降，原本笨重昂贵的陀螺仪变成了垂手可得的零配件。

直到任天堂公司利用陀螺仪开发了 Wii 体感游戏机（见图 2-14），才改变了游戏行业的用户体验。游戏机原本是人们被动地感受虚拟世界的娱乐物品，任天堂 Wii 却将其颠覆。Wii 的运动传感器技术使用微电化陀螺仪，可以检测转体等动作，激发了身体运动的娱乐体验，使其更贴近真实世界。

图 2-14　Wii 体感游戏机

游戏者只要手持 Wii Motion Plus 手柄，就可以通过自己的动作控制屏幕上的游戏视频，玩打乒乓球、网球等运动类游戏，或者转动手柄，就可以玩驾车的视频游戏。没有技术进步，当然不会有 Wii 的诞生；没有 Wii 这样的创新设计思想，突破性产品也无法诞生。

再后来，把陀螺仪集成在了手机和汽车导航仪中（见图 2-15），当汽车

图 2-15　集成陀螺仪技术的应用

（图片来源：http://img.boxui.com/2013/06/164833RoJ.png/
http://ui4app.com/img/frontend/static/caruxd-lucvanloon-0.jpg）

行驶到隧道或城市高大建筑物附近，没有全球定位系统（GPS）讯号时，可以通过陀螺仪来测量汽车的偏航或直线运动位移，从而继续导航。

由上述例子可以看出，技术发展到某一个时刻不一定会创造突破性产品。就像陀螺仪技术原理从被发现到第一代突破性产品出现，间隔了 40 年。而有了创新设计，再结合现有的技术，就有了后面一代代基于陀螺仪的突破性产品。所以，从某种意义上讲，突破性产品更多来源于设计，当然技术是基础。

2.4.2 设计整合技术，并推动技术的发展

一项突破性的产品创新设计往往会促进某项技术的开发和应用，产生设计和技术携手共进的局面。下面以特斯拉电动车的发展来看一看。

特斯拉汽车设计的过程促进了锂离子电池管理技术的进步。特斯拉汽车的第一代产品 Roadster（见图 2-16），在研发时，需要将电池连接起来驱动汽车。之前没有人尝试过将几百块锂离子电池并联在一起，因此散热以及爆炸等问题是必须要考虑的。在打造 Roadster 第一辆样车的时候，特斯拉的工程师用强力黏合剂将 70 块电池粘成电池组，观察电流传导变化的规律。又将

图 2-16 集成特斯拉 Roadster
（图片来源：http://photocdn.sohu.com/20130604/Img377973773.jpg）

10 块电池组装起来，测试不同的气体和液体的散热机制。慢慢地，他们掌握了散热的技术。但在打造 Roadster 第二辆样车的时候，工程师们惊恐地发现，电池组一旦爆炸，不知会产生怎样可怕的情景。在无意当中他们把 20 块电池绑在一起并点燃了引线，结果电池组像火箭一般飞了出去，而特斯拉整车的电池有几千个。工程师们进行了一轮又一轮的实验，最终找到了一种排列电池的方法，能够阻止火焰从一块电池扩散至另一块。他们还找到了其他

防止爆炸的方法。而正是这些探索性的工作，让特斯拉走在了电动汽车电池管理技术的最前沿。

特斯拉通过一系列突破性的设计理念，带动了电池技术及其他相关技术的进步，把人们对电动车的想象和憧憬，逐步变成了触手可及的产品。从某种意义上说，如果没有特斯拉公司的开拓，电动汽车时代就可能要迟来很多年。如果没有特斯拉公司的开拓，与电动汽车相关的技术就要迟到很多年。

来自麻省理工学院（Massachusetts Institute of Technology，MIT）的前田·约翰（John Maeda）及其团队自 2015 年开始，连续三年发布了《科技中的设计》报告。2015 年的报告指出，由于移动设备及计算的大众消费化趋势，设计之于技术的价值有所增长。2016 年的报告指出，风投公司对于设计领域的兴趣达到峰值，重点介绍了麦肯锡和埃森哲等咨询公司频繁收购设计机构的举动。谷歌也已成长为设计领域的全新领导者。2017 年的报告将计算设计看作促进增长的核心驱动。设计驱动力的改变如图 2-17 所示。

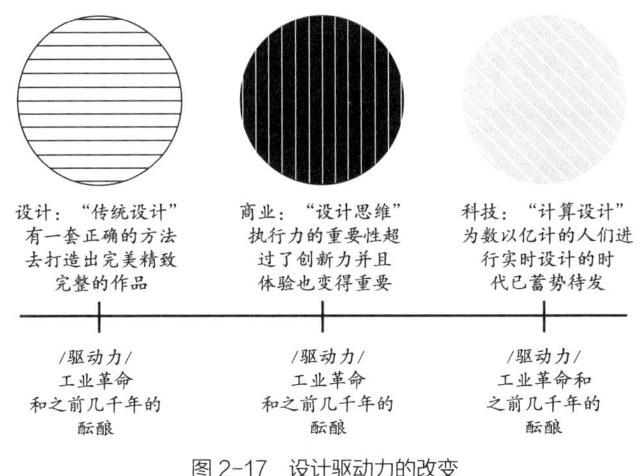

图 2-17　设计驱动力的改变

2.5　商业与设计的融合

商业为什么需要设计？如何设计？

长期以来，商业是一个黑箱系统，做商业决策需要考虑多种复杂的因素，考虑客户、产品、销售、收入、支出、管理、合作伙伴，等等。因此，能够做出正确的决策是不容易的事情，在没有很多信息支撑的情况下，往往依赖于个人的经验和直觉。

另一方面随着技术更新速度加快，信息传播速度加快，开源技术平台兴起，尤其是互联网的进一步发展改变了用户和企业的接触模式。C2B、C2M、聚定制和众包等模式，可以让企业在投产之前了解用户的需求和喜好，从而制定更精确的产品策略和企业战略。以前依靠企业家的经验和天赋来进行战略决策，现在可以依靠越来越多的数据来进行决策。

人们发现，仅仅设计一个产品对企业提高竞争力的作用仍然有限。从企业运营的战略角度来看，如果把产品设计纳入到商业系统中，运用整个企业资源形成竞争壁垒，则会产生巨大的商业价值。如苹果将 iPod 和 iTunes 音乐市场整合，iPhone 和 Appstore 整合，小米公司将手机和互联网思维结合起来的模式，都取得了成功。

许多人想通过用直观的图示方法来解构复杂的商业系统，而设计恰好是图解思维的一门学科，有完善的图解思维工具和方法。因此，近年来，很多研究商业的专家学者借鉴图解思维的方式进行研究并取得了积极成果。一些从事管理学科的专家发现，设计思维是解决商业逻辑的利器。设计思维是具有洞察力的直觉思维，是可视化思考的利器。

加拿大多伦多大学罗特曼管理学院（University of Toronto: Rotman）商业设计主任希瑟·费雷泽（Heather Eraser）借鉴设计学科所使用的工具和方法，提出了商业设计的三个齿轮的方法论，包含了同理心和深层的用户理解、概念可视化以及战略商业设计，如图 2–18 所示。通过思考发现需求，寻找新机会；可视化概念，通过想象新的可能过程，创造多维度的体验；最终落实到战略商业设计上，将愿景转化成创新性的商业战略。这三个齿轮的内容可以帮助我们重塑商业战略模式。

同样，亚历山大·奥斯特瓦德（Alexander Osterwalder）和伊夫·皮尼厄（Yves Pigneur）合著的《商业模式新生代》一书，利用设计思考和可视化的方式，设计出了商业模式画布的样式，将原来感觉无比复杂的商业系统可视化为 9 个模块，同时提出了商业模式的 5 种式样，通过设计思考规划商业模式的战略方针，最终形成通用商业模式的设计流程来应对不同公司的需求。

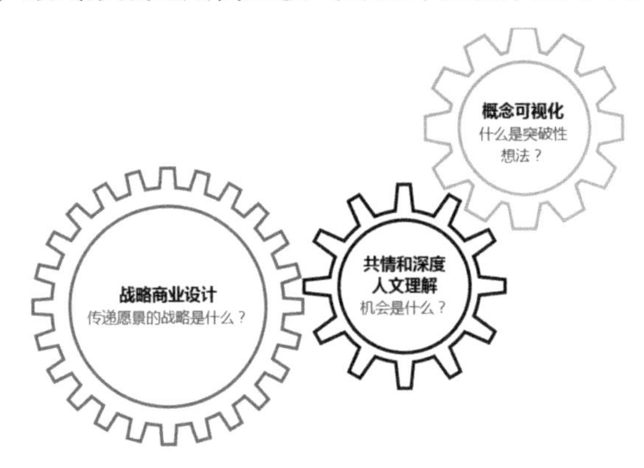

图 2-18　商业设计的三个齿轮

设计理念将贯穿于整个商业模式的创新上，通过创作商业模式原型，以设计的态度花大量时间来检验各种原型的可行性，从众多不确定的原型方案中聚焦到清晰可落地的商业流程中。

设计理念在商业设计流程中的体现如图 2–19 所示。

商业创新设计包括三个方面的内容：

1）商业设计思考。与传统的设计思考相比，商业设计思考更加关注于寻求商业机会，不拘泥于某个产品或者服务，而是综合考虑用户、市场、销售渠道、生产供应链等情况，决定自己以何种策略切入市场并赢得优势。

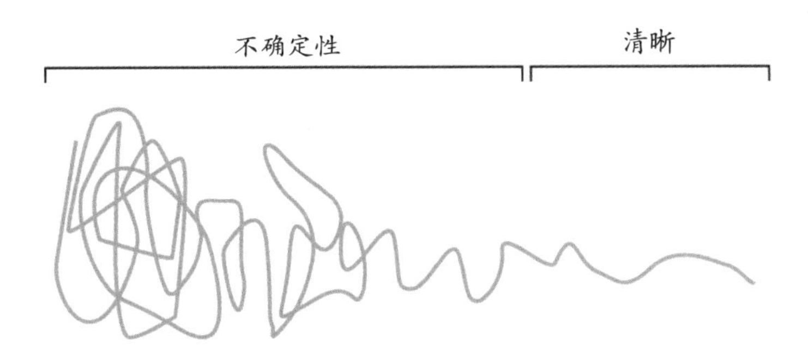

图 2–19　设计理念在商业设计流程中的体现
（资料来源：改编自亚历山大·奥斯特瓦德，伊夫·皮尼厄．商业模式新生代 [M]. 北京：机械工业出版社，2016.）

2）商业设计工具。在柴春雷等所著的《商业创新设计》一书中，总结了商业设计过程中常用的 25 个工具，这些工具有些是用来辅助设计思考，寻求商业机会的；有些是用来对创意与概念进行再思考的；有些是用于构建商业模式的。

3）商业模式。从吉列剃须刀片和刀架的“诱饵”模式，到苹果公司“手机＋ App”的生态模式，人们发现，好的商业模式能够充分发挥企业的既有资源优势，建立竞争壁垒，取得市场上的成功。因此，商业模式受到了越来越多的关注。

商业设计的兴起，反映了设计内涵从产品层向企业战略层的延伸，反映了设计思维模式在相关学科领域（管理、商业）的应用，反映了可视化设计思考、直觉思考在商业系统中的应用。

2.6 创新设计与设计的拓展

创新设计过去一直是非专有名词，和设计创新有相近意义，由于设计本身就要创造新的东西，因此“设计”前面加上“创新”有强调作用。

国内将创新设计定义为专有名词始于路甬祥院士。路甬祥院士在 1990 年提议创办了浙江大学工业设计专业，他一直关注设计的发展，并敏锐地觉察到当今设计与工业化时代的设计已经大有不同，原有工业设计的理论、方法和内涵亟需适应当今时代的特点。因此，路甬祥院士提出，将现在和将来正在呈现的知识网络时代的设计定义为“创新设计”，并于 2013 年 8 月发起了中国工程院重大咨询项目“创新设计发展战略研究”。该项目集合了国内 15 位院士、知名的专家学者和政企人士联合参与，旨在从理论上厘清创新设计的内涵，并给出我国在发展创新设计的路径。

路甬祥院士从人类社会文明的进化来分析设计的演变，如图 2-20 所示。路院士认为，人类的经济形式也经历了从自然经济向市场经济的转变，目前正走向知识网络经济。相应地，人类文明经历了从农耕时代向工业时代的转变，目前正在走向知识网络经济时代。在农耕时代，人们主要依靠自然资源，设计制作简单的手工工具；在工业时代，人们开发利用矿产资源，设计制造机械化、电气化、自动化的工具装备；在知识网络时代，人们主要依靠知识、信息大数据，依靠人的创意、创造、创新，设计制造绿色智能、全球网络的产品和服务。

图 2-20　文明的进化——从农耕时代到知识网络时代

根据上述分析，可以将农耕时代的传统设计表征为“设计 1.0”，工业时代的现代设计表征为“设计 2.0”，全球知识网络时代的创新设计表征为“设计 3.0”。与之相应，诞生于工业时代的“工业设计 1.0”自然也将进化为全球知识网络时代的“工业设计 2.0”。它们将伴随着全球网络，科学技术、经济社会、文化艺术、生态环境等信息知识大数据的创新发展，设计价值理念、方法技术、创新设计人才团队和合作方式也将持续进化发展。

进入 21 世纪以来，新一轮科技革命和产业变革正在孕育兴起，全球科技创新呈现出新的发展态势和特征。学科交叉融合加速，新兴学科不断涌现，前沿领域不断延伸。在这样的背景下，路甬祥院士从进化的角度出发，指出“传统设计”创造促进了农耕文明，“现代设计”推进了第一次工业革命的机械化和第二次工业革命的电气化和信息化，“创新设计”在第三次工业革命浪潮中，将会引领以网络化、智能化和以绿色低碳可持续发展为特征的文明走向（见图 2-21）。其中，创新设计是创造性实践的先导和准备，必将赋予产品和服务更丰富的物质和精神文化内涵，满足并引领市场和社会需求。潘云鹤院士认为创新设计是传统工业设计的升级版，是一种科学技术创新、文化艺术创新、用户服务创新、产业模式创新的集成创新，是学科广泛交叉的必然结果。

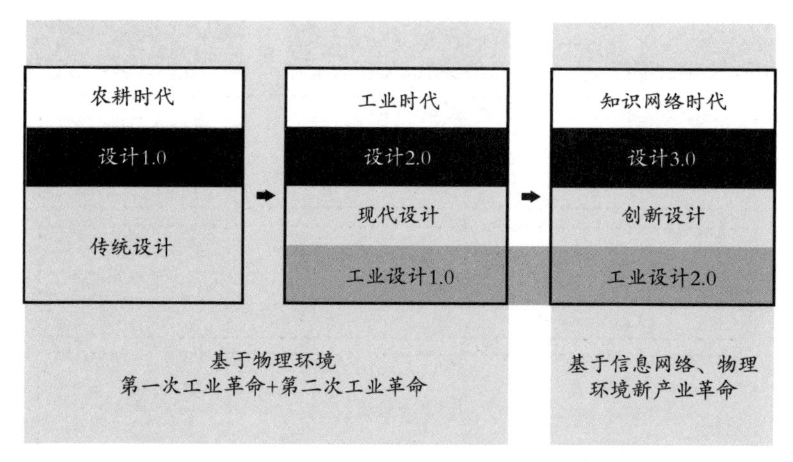

图 2-21　设计的进化：传统设计—现代设计—创新设计

创新设计是一种具有创意的集成创新与创造活动，它面向知识网络时代，以产业为主要服务对象，以绿色低碳、网络智能、共创分享为时代特征，集科学技术、文化艺术、服务模式创新于一体，并涵盖工程设计、工业设计、服务设计等各类设计领域，是科技成果转化为现实生产力的关键环节，正有力支撑和引领新一轮产业革命。

上述理论方法在国内外产生了重大影响，创新设计已经被纳入“中国制造 2025”战略当中，将推动中国制造向中国创造转变。

2.7　总结

2.7.1　设计的外延在不断扩大

交互设计、用户体验因 IT 行业而产生，并发挥越来越重要的作用。技术更新迭代加快，使得科技设计——从技术转化为产品，变得越来越重要。技术平台化（不同的智能手机厂商可采用高通、联发科芯片进行开发）使得开发同等性能的产品越来越容易。因此，依赖不同的商业设计进行竞争变得越来越重要。多学科交叉融合使得创新设计（从外观功能设计到集成创新设计）变得越来越重要。我们有理由相信，设计还会衍生出新的方向，绽放出更加绚丽的色彩。

2.7.2　设计的基础在发生改变

过去设计关注设计美学、材料、结构和工艺，培养的设计人才可以从事产品设计、平面设计和环境艺术设计。现在新的设计方向则需要新的设计基础，学生们甚至会感叹，学校里学的设计基础知识在实际工作中应用不大。

1）交互设计跟设计美学有关系，界面需要做得美观。但更重要的是交互的逻辑是否合理，这是以往的设计理论没有触及的。因此，学习交互设计需要了解软件开发的过程，需要心理学的知识，需要学习新的交互设计软件。

2）服务设计是设计领域的新生事物，面向的对象不是具体的产品，而是待解决的问题，运用设计思维，提供产品和服务来解决问题。服务设计需要系统思维，需要新的服务设计工具。

3）科技设计需要对当前的新技术新材料有所了解，需要能够用开源硬件平台（Arduino 等）来搭建功能样机，会简单的编程语言。这对以前的设计教育来说是不可想象的。

4）用户体验设计。用户体验设计和社会学、心理学、设计学相关，关注更广阔的周期，既要使用户对产品和服务满意，又要关注用户在使用前后对产品和服务的口碑、品牌、传播效应等。

5）商业设计。商业设计更加关注前期的市场定位，寻求商业机会，构建独特的商业模式，取得市场竞争优势。

6）创新设计。创新设计是对设计的综合和拓展，涵盖工业设计、材料设计、产品设计、工艺设计、工程设计、服务业态设计创新等。它以知识网络时代为背景，以绿色低碳、网络智能、开放融合、共创分享等主要特征，为产品、产业的全过程提供系统性服务，融技术创新、产品创新和服务创新为一体，是实现科技成果转化、创造市场新需求的核心环节。

实际上，上述很多方向跟我们现在所理解的设计既有关系，又没那么密切。比如，交互设计和设计美学相关，但需要学习的交互设计软件（Axure）、交互设计逻辑、设计测试等，和传统的设计没有必然的联系。服务设计所瞄准的对象、运用的设计工具也跟传统设计所学差异较大。其他用户体验、商业设计等方向也是如此。但这些又是当今应用广、需求大的方向，是我们的教育出问题了吗？

应该这么说，我们处在一个极速变革的时代，设计实践在快速发展，新的设计方向在不断涌现，而设计理论和设计教育未能迅速跟上。因此，从长远看，设计理论会慢慢地丰富和充实起来，满足新兴设计方向的需要。相应地，设计教育和设计人才培养模式也将发生改变。

第3章

设计的变革

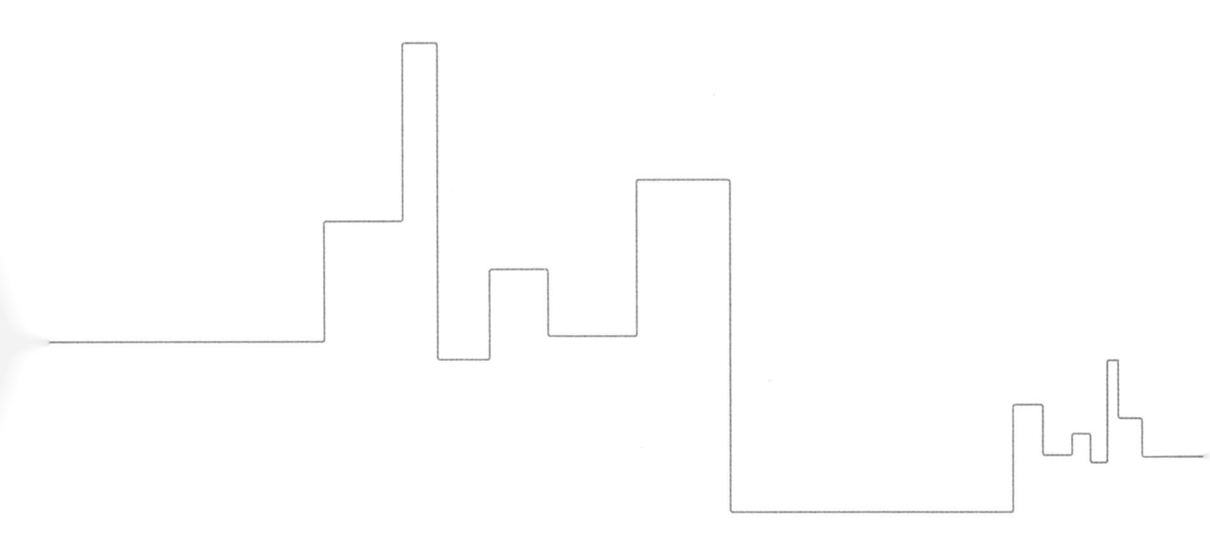

3.1　设计内涵的变化

不同阶段，人们对于工业设计的认识不同，这就反映了工业设计的时代特点。我们可以从工业设计定义的变迁来看设计内涵的变化。

1970 年，国际工业设计协会（the International Council of Societies of Industrial Design，ICSID）为工业设计下了一个完整的定义：“工业设计，是一种根据产业状况以决定制作物品之适应特质的创造活动。适应物品特质，不单指物品的结构，而是兼顾使用者和生产者双方的观点，使抽象的概念系统化，完成统一而具体化的物品形象，意即着眼于根本的结构与机能间的相互关系，其根据工业生产的条件扩大了人类环境的局面。”

因为是译文，所以上述定义有点拗口，下面来做一通俗解读。从定义来看，人们认为设计的重点在于“造物”，即创造产品。“适应物品特质，兼顾使用者和生产者”，说明设计要能运用新出现的新材料、新技术，并且考虑人机工程，产品要好用。20 世纪六七十年代，是设计的大发展时期，从如图 3-1 和图 3-2 所示的设计可以看出当时的设计特点。

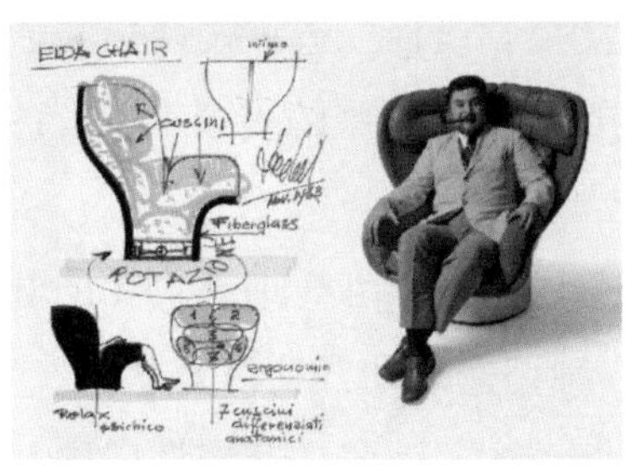

科伦波家具设计

索特萨斯1969年情人节打字机

图 3-1　领先世界的意大利工业设计

1980 年国际工业设计协会理事会（ICSID）给工业设计又作了如下定义，“就批量生产的工业产品而言，凭借训练、技术知识、经验及视觉感受，而赋予材料、结构、构造、形态、色彩、表面加工、装饰以新的品质和规格，叫作工业设计。根据当时的具体情况，工业设计师应当在上述工业产品全部侧面或其中几个方面进行工作，而且，当需要工业设计师对包装、宣传、展示、市场开发等问题的解决付出自己的技术知识和经验以及视觉评价能力时，这也属于工业设计的范畴。”

图 3-2　后来居上的日本工业设计

这个定义反映了人们对设计地位的再认识。从 20 世纪 70 年代的定义可看出，设计作为生产制造的一个环节，要为工业化生产设计好的产品。到了 80 年代的定义，设计除了提供好的产品，还需要对综合考虑包装、展示、品牌选产、市场调研等内容。市场需求、产品、视觉（包装宣传）、品牌等共同构成了设计综合竞争力。由此视觉设计、造型设计构成了当时设计的中心环节。从图 3-3 和图 3-4 可见反思和发展中的美国工业设计和具有时代特征的波普设计风格。

时间到了 2006 年，国际工业设计协会理事会（ICSID）给工业设计又作了如下的定义，“设计是一种创造活动，其目的是确立产品多向度的品质、过程、服务及其整个生命周期系统，因此，设计是科技人性化创新的核心因素，也是文化与经济交流至关重要的因素。”

以上述定义，可以看出，设计中科技的因素更加重要了，尽管在包豪斯年代就已提出技术和艺术的统一，但无疑长期以来，设计中艺术的因素更多一些。到了 21 世纪，无论是产品、界面（交互设计）还是服务系统，科技对

图 3-3　反思和发展中的美国工业设计

图 3-4　具有时代特征的波普设计风格

设计的影响愈发明显。另外可以看出，设计对整个生命周期有影响，既要考虑前期市场定位，产品开发，也要考虑后期服务。新一波技术驱动下的设计如图 3-5 所示。

到了 2015 年，国际工业设计协会不仅重新定义了设计，干脆连自己的组织名称也重新定义了，将沿用近 60 年的“ICSID（国际工业设计协会）”正式

图 3-5 新一波技术驱动下的设计

改名为“WDO”(World Design Organization，国际设计组织)。

WDO 给出的最新设计定义如下：(工业)设计旨在引导创新、促发商业成功及提供更高质量的生活，是一种将策略性解决问题的过程应用于产品、系统、服务及体验的设计活动。它是一种跨学科的专业，将创新、技术、商业、研究及消费者紧密联系在一起，共同进行创造性活动，并将需解决的问题、提出的解决方案进行可视化，重新解构问题，将其作为建立更好的产品、系统、服务、体验或商业网络的机会，提供新的价值以及竞争优势。(工业)设计是通过其输出物对社会、经济、环境及伦理方面问题作出回应，旨在创造一个更好的世界。

从这个定义可以看出设计更加综合化，输出更加多元化，包含了产品、系统、服务、体验或商业网络；需要考虑的问题更多了，需要将创新、技术、商业、研究及消费者紧密联系在一起，进行跨学科的研究。当然，设计能发挥作用的领域也更多了。

如图 3-6 所示，从设计定义的变迁可以看出：

1) 设计的目的从为了让产品更好看、好用，到改变整个体验、服务和系统；

2) 设计从为产品的某一个阶段服务向为整个生命周期服务转变；

3) 设计从适用于“物”向以“人”为本转变，再回归人—机—环境的和谐协调。

由图 3-7 可见从 20 世纪 70 年代到 2015 年，“设计”在定义上的变化。

让我们用诺曼的话来对上述定义的变化做一个回应。诺曼对此做了如下阐述：“如今是一个传感器、控制器、电机和显示设备无处不在的世界，重点

图 3-6　“体验”在设计中变得越来越重要
（图片来源：http://www.etr.fr/articles_images/313379-800-project_dali.jpg）

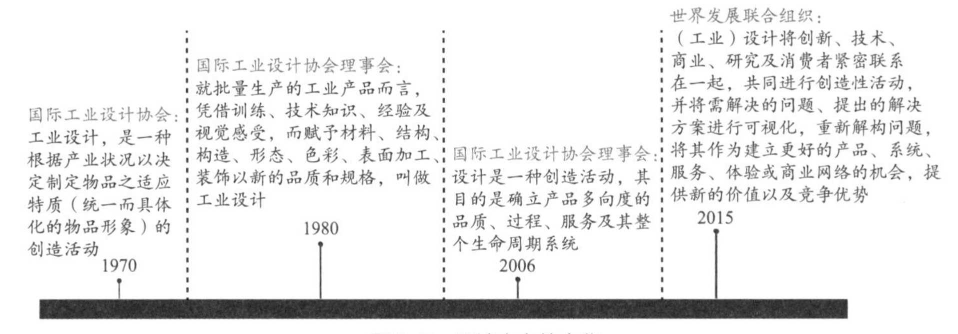

图 3-7　设计定义的变化

已经转移到了交互、体验和服务上，专注于组织架构和服务的设计师的数量也变得与实体产品的设计师一样多，我们需要新兴的设计师。这些新兴的设计师必须懂科学与技术、人与社会，还要会运用恰当的方法去验证概念与提案。他们必须学会整合政治问题、商业手段、运作方式和市场营销。”

但遗憾的是，当前国内很多高校的设计教育、教学内容与 10 年前相比，甚至 20 年前，没有什么变化。外部世界已经发生了巨大变化，设计教育不得不变。这是每一个从事设计教育的人应该思考的，也是每一个从事设计事件的人应该思考的。任何学科和专业都在不断发生变化，设计作为创新中的重要一环，更要顺应时代发展的趋势，应时而变！

3.2 设计链条的延长

在工业化生产时代，机械化、自动化、信息化主导了产品的技术基础，金属、木材、塑料及合成材料成为产品的主要材料，设计师在考虑技术和材料的前提下，设计出功能合理、造型美观的产品，满足用户的物质和精神需要，提升产品的价值和竞争力。

菲利普·史塔克（Philippe Starck）设计的外星人榨汁机（见图 3–8）是在设计 2.0 时代背景下将造型、材质、功能完美结合的经典作品。从产品的造型上来看，斯塔克设计的榨汁机呈倒圆锥形，圆顶的曲面刚好与柠檬的形态吻合，这是一种功能美的表现，当人们把柠檬放上去挤压、旋转时，柠檬汁就自然而然地顺着金属材质的凹槽流下，最后流到杯子中，表现出运动美。榨汁机的曲线造型减弱了金属材质的生硬感。这不仅是榨汁机，而且是一件艺术品。美国设计师迈克尔·格雷夫斯（Michael Graves）与阿莱西（Alessi）合作设计的自鸣式水壶也曾在工业设计史上轰动一时。这款水壶最大的特色是壶嘴上站立着一直塑胶小鸟，水烧开时会发出欢快的鸟鸣声。它的诞生突破了人们对水壶形状及功用的传统认识，甚至能改变人们吃早餐时的心情，丰富了设计师在产品表现上的可能性。

我们从设计服务能力的变化来看设计的变迁。

图 3-8 外星人榨汁机

长期以来，传统设计服务有“三板斧”：富有创意、效果图漂亮、结构设计合理。很多设计公司的老员工在效果图方面经验丰富，但从业久了，设计合理性高而创意却不够出挑，因此，需要初出茅庐的新员工或者学生来提供天马行空的创意灵感。当然，设计的好看还需要考虑能否开模投产，这需要结构设计师的配合。在设计产业发展的早期阶段，曾经画张效果图就能入账几万元，很多人感叹那时候的设计费真好赚。但设计服务的竞争越来越激烈，很多设计公司在寻找新的方向和模式。

世界知名的两大设计公司 IDEO 和 FROG，也曾经以产品设计而闻名，都曾经为苹果公司设计过耀眼的产品。到了现在，两家公司不约而同地转型为设计和商业咨询公司，就是说，两家公司从帮企业设计产品，转变为告诉企业需要做什么产品。我们从青蛙公司的介绍中可以看出设计链条的拉长。

青蛙公司的前身是 Esslinger Design, 由设计师 Hartmut Esslinger 与合作伙伴 Andreas Haug 和 Georg Spreng 于 1969 年创立。20 世纪 80 年底至 90 年底初期，青蛙设计不断拓展其业务领域，服务于包括迪士尼、罗技、日本电气（NEC）、德国汉莎航空、奥林巴斯和索尼在内的国际知名公司，在那个年代，技术工程、品牌和包装是他们的核心业务。20 世纪 90 年代，青蛙设计成立了数字媒体部门，涉足网站、计算机软件和移动设备的用户界面设计。青蛙设计在其工业设计传统基础上不断拓展自己的业务范围，从最初的产品设计和机械工程到现在的品牌策略、交互设计、设计咨询和产品实现，以期不断适应市场上科技和文化的发展。青蛙公司的部分作品如图 3–9 所示。

在新技术条件下，还出现了一批设计“企业”。原来设计团队或设计公司是为别人做设计服务的，现在通过众筹模式筹集资金、通过电商整合销售渠道、通过代工企业完成生产，变成自己经营自己的产品，开创设计师品牌和设计企业。

杭州博乐工业产品设计有限公司（见图 3–10）在自我创新发展上，探索出“创新设计、优势制造、互联网 + 资本”的深度融合发展模式，与行业领先企业联合投资孵化新品牌，优势互补、强强联合。已成功孵化“橙舍”竹品家居品牌，首年获 45 项国家专利、销售突破千万元；“69”高端情趣互动品牌，首

图 3-9　青蛙公司作品
（图片来源：http://www.frogdesign.cn）

图 3-10　杭州博乐工业产品设计有限公司
（图片来源：http://www.hzbole.cn/）

款“智能电臀”在淘宝众筹一个月筹得 653 万元，受到市场热捧。博乐在探索的正是“设计驱动、融合发展”的设计公司新模式。

由此我们可以看到，设计的链条在拉长，设计的价值在扩张，设计能发挥的作用在扩大。

3.3　设计构成的变化

在农耕时代有很多从事手工艺的匠人（设计师），他们制作出来的一些流传至今的器物和作品，精美得让人惊叹。但彼时技艺的传承主要靠师傅带徒弟的方式，很多设计师的经验没有得到系统归纳和总结。

到了工业化生产时代，1919 年包豪斯设计学院提出了艺术设计教育的三大组成部分——平面构成、立体构成和色彩构成，开始了较为系统地开展艺术设计理论。20 世纪 80 年代传入中国时，三大构成成为国内外艺术设计教育的基础课程。包豪斯同时提出了设计理论的三原则：技术和艺术的统一，设计的目的是为了人而不是产品，设计必须遵循自然和客观的规律。

包豪斯第一次把工艺技术提高到与视觉艺术平等的位置，其观点在当今和未来仍然有积极意义。但随着技术条件大大发展，设计所面临的任务在改变，设计构成理论也在发展和变化。包豪斯风格的沉浮所揭示的设计规律包括多个方面：如设计美学的内容是多样化的，单纯性和几何性仅是其中之一；又如求新是设计美学的永恒主题，任何先进的设计思潮都只能领风骚于一时；再如消费者的个性化情感需求日益增强，产品设计必须研究和适应不同国家、民族和消费群体之间的差异。这些规律从不同角度指向了同一个重要问题，即产品设计应当结合文化而进行。

潘云鹤院士曾经指出："包豪斯这些基本观点仍是对的，但是，它的内容需要巨变。因为当前中国工业化的内容，已较百年之前的欧洲有了巨变。如上所述，其技术、产业、环境、文化和人的需求都已发生了巨大的变化。设计不能不变。换言之，中国的新型工业化需要新型的工业设计。这是我们每一个搞设计的人都必须清楚地认识到的。"

在当代，美国斯坦福大学提出了如图 3-11 所示的设计创新架构，得到了国内外设计界的关注和认可，产生了广泛而深远的影响。斯坦福大学提出设计创新由人本价值、技术和商业三个模块组成，需要考虑用户的需求性、技术的可行性和商业的存续性。人本探讨用户价值和可以被利用的技术，为特定的用户群创造可以被商品化的体验和服务。好的技术需要转化成成功的市场效益，这个过程需要顿悟技术的意义（创新转化），第一个推出新技术，总是不如第一个想到这项技术的巨大市场潜力来得重要。通过商业设计，可以形成一个互利共赢的生态圈。商业设计强调为用户诠释激进式的产品或服务的意义，融合可以被整合的技术，创造可持续发展的商业模式。

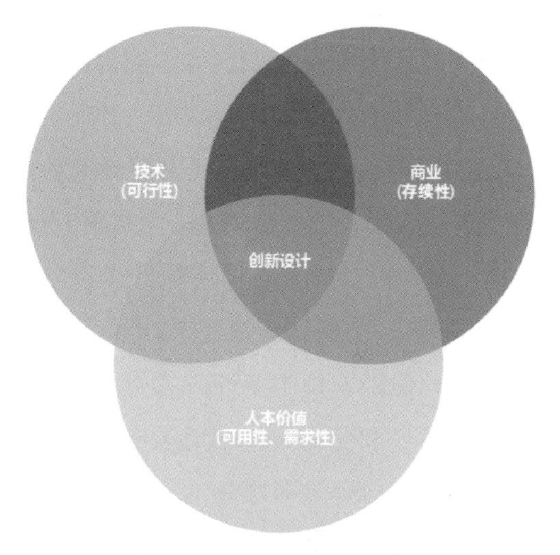

图 3-11　斯坦福大学的创新设计模型

国内外设计院校和设计机构也都在突破传统包豪斯理论的局限，赋予设计新的内涵。荷兰埃因霍温大学提出整合技术、用户和社会文化的设计理念，美国 IDEO 设计公司除提供产品创新设计服务外，还提供商业战略咨询，可比肩麦肯锡等知名咨询机构。国内部分设计院校在教学过程中融入技术、文化等课程模块。

潘云鹤院士在 2006 年提出了产品创新的方法论。他写到，产品设计反映着一个时代的经济、技术和文化，它的创新构思是创造新产品的重要基础。总体来说，当代产品创新的设计有如下三类方法：

1）产品的技术创新设计。技术是构成产品的关键要素，是产品创新的核心，企业在激烈的市场竞争中，必须在产品包含的技术上不断创新，以求实现生存和发展。

2）产品的文化创新设计。提高产品的文化内涵，通过在产品中巧妙地融入文化艺术元素以实现创新，已经成为一种产品设计和创新的主流思想。包豪斯退潮现象即是一个值得深入分析的文化创新的典型事例。

产品的形式无疑需要与功能和谐，但产品的形式不能唯功能而定。形式也有它自己的内容，那就是文化。产品的形式设计必须兼顾其功能需求、形式之美和文化之美。产品文化设计的研究称为文化构成设计。

3）产品的人本创新设计。为了满足消费者多样化的需求，当代的产品创新设计普遍突出个性化。设计者通过把用户市场进行不同地域及不同用户群体的细分，针对细分市场进行用户需求的认真研究，充分挖掘不同用户群体需求的个性特征，设计出满足用户独特需求的新产品。

由上面设计的变化沿革来看，设计构成要素是不断演进变化的（见图 3-12）。中国工程院重大咨询项目“创新设计发展战略研究”结合国内外情况分析，提出当代创新设计由技术要素、艺术要素、人本要素、文化要素、商业要素五部分组成（见图 3-12（c））。

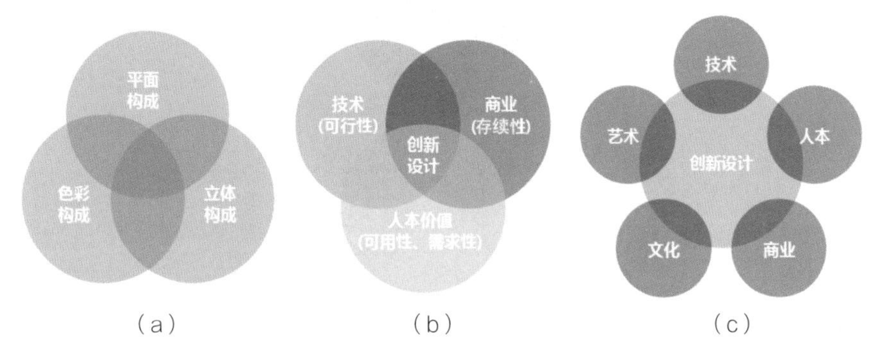

图 3-12 设计学科构成的转变

在新时代，设计需要集成这五个方面。但不同的设计对象对这五个方面的侧重有所不同：对于装备制造产业来讲，技术在创新设计中占的比重大，其他构成要素小；对于消费品领域，技术在创新设计中占的比重小，其他构成要素占的比重大。

如图 3-13 所示，从技术角度来看，技术是打造产品品质、形成核心竞争力的要素。从艺术角度来看，艺术是产品形式美感的要素。从文化角度来看，文化是形成产品特质、打造产品品牌的要素。从人本角度来看，人本是获取用户需求，打造令用户满意的产品功能的要素，这里的需求包含了人—机—环境的需求。从商业角度来看，商业是进行市场营销、获取利润的要素。从五个方面出发，涵盖了创新设计中前期用户分析、产品形式美感、技术实现、品牌塑造和商业营销的全过程。

设计构成的变迁，反映了设计理论的发展和设计内涵的变化。从当下来看，设计理论还有待进一步完善，还需要更多的智慧总结和归纳。

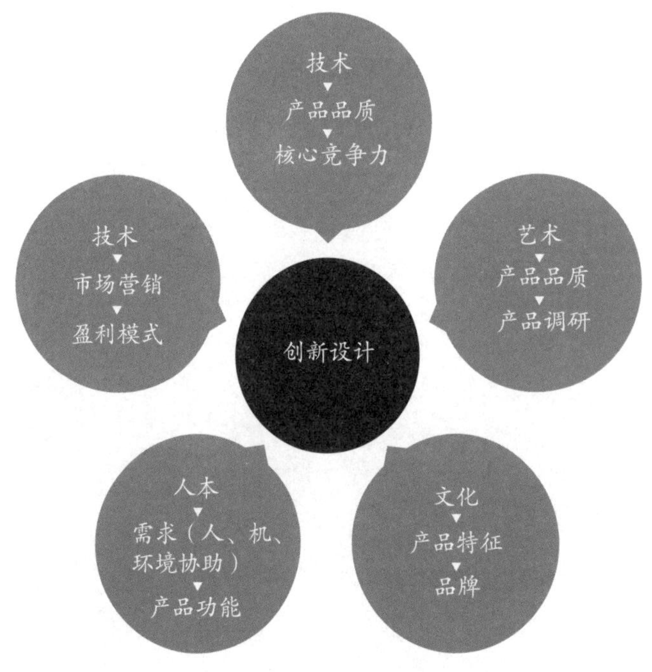

图 3-13　创新设计构成要素的作用分析

3.4　设计对象的改变

在相当长的一段时期内，设计的对象是产品，设计师通过功能和形式来实现产品创新。本节通过对自行车设计的变化来分析设计对象的变革。

自行车发明之前，人类最重要的交通工具就是马车。1970 年，法国人西夫拉克（Sivrac）正在巴黎一条街道上走，对面来了一辆马车，不巧街道狭窄且有积水，尽管西夫拉克使劲躲闪，仍然被溅了一身泥水。西夫拉克陷入了思考，不是在考虑怎么报复，而是在想：马路这么窄，马车能不能改一改？如果把马车从中间切掉一半，会是什么样子？西夫拉克开始设计研发，经过多次实验，终于于 1791 年，研制出世界上第一辆自行车（见图 3-14）。这辆自行车是木制的，没有驱动和转向装置，骑车人需要用脚蹬地前行，转向只能下车抬。即使这样，当年在这辆木质滑滑自行车横空出世时，其拉风度较之今天的豪华轿车，有过之而无不及。

图 3-14　自行车的鼻祖
（图片来源：http://www.xieshudeng.com/uploads/allimg/160719/1-160G9202Q2418.jpg）

1817 年，德国人德莱斯（Delaisse）发明了带车把的木制两轮自行车；1874 年，英国人罗松在自行车上装上了链条和链轮，用后轮的转动来推动车子前进；1886 年，英国人约翰 · k. 斯塔利（John Kemp Starley）为自行车装上了前叉和车闸，其中前后轮的大小相同，以保持平衡，并用钢管制成了菱形车架；1888 年，爱尔兰兽医邓洛普（Dunlop），从医治牛胃气膨胀中得到启示，把家中花园里用来浇水的橡胶管粘成圆形，打足了气，装在自行车轮子上，从而发明了充气轮胎。

在此之后，自行车成为重要的出行交通工具。如图 3-15 所示，100 多年里，人们从材料、结构、造型等各个方面对自行车进行了再设计。自行车越来越漂亮，也越来越轻便，并衍生出山地自行车、公路自行车等专业车辆。但不管怎么发展，自行车的总体设计思路和之前相比并没有很大的突破。

在万物互联时代，越来越多的产品需要互联互通，自行车终于迎来了设计变革。首先出现的是公共自行车，即有桩公共租赁自行车。除了自行车要重新设计之外，还有配套的租赁系统、有桩车锁系统，如图 3-16 所示。用户可以通过系统租赁自行车，骑行结束，找到附近的还车点还车，按照一定的计费原则付费。杭州的公共自行车系统一度是世界上最发达的。但公共自

图 3-15　自行车的设计日趋精良
（图片来源：https://www.pinterest.com/）

图 3-16　城市公共自行车
（图片来源：https://upload.wikimedia.org/wikipedia/commons/thumb/2/29/Dajeon_Public_Bicycle_Tashu.jpg/800px-Dajeon_Public_Bicycle_Tashu.jpg）

行车有个问题，就是必须通过固定的桩位借还，有时候想租的时候车没了，想还车的时候发现最近的桩位都满了。

2016 年，如图 3-17 所示，共享单车突然火了起来。先进的共享单车在传统自行车上面增加了发电及电存储模块、GPS定位及数据传输系统、智能锁系统等，并有配套开发的智能手机的App系统。用户可以用App扫描车身的二维码直接租车，且随借随还，不受固定停车桩的限制。当然，共享单车的随意放置，给城市管理带来了难题。

图3-17 ofo共享单车
（图片来源：https://inews.gtimg.com/newsapp_match/0/1044820777/0）

从传统自行车到公共自行车，再到共享单车的演变，从设计的角度分析，不仅在自行车上增加了智能模块，还相应地开发了配套的公共自行车租赁系统、共享单车App系统。除了产品设计，还需要考虑系统设计、服务设计及相应的商业模式设计等。

因此，在当代，设计是面向问题的，服务设计、体验设计、商业设计成为解决问题的重要方面，设计对象是从"产品"逐渐转为"产品、服务、体验和系统"，设计范围从产品设计逐步扩充到交互设计、体验设计、服务设计、商业设计等。

3.5 用户调研方式的变化

设计时，用户调研和产品调研是设计的前提，很多设计公司或者企业会有用户研究部门。道理很简单，就是要搞清楚东西设计出来到底有没有人感兴趣，会不会有人喜欢。这实在是个难题，尽管有各种各样的理论，但谁也不能保证调研的结果一定正确。如果能保证的话，根据调研结果设计一个成功一个，设计就简单多了。

下面来看一个典型的设计案例调研过程。比如，要设计一款给大学生专用的笔记本电脑，我们可以通过访谈（见图 3-18）、观察和情景分析（见图 3-19）、问卷调查（见图 3-20）等方式，建立用户模型，获取用户需求，从而有针对性地进行设计。

访谈记录

对象 A: 设计专业 大二学生女

“我现在每天使用电脑五小时左右”
“选择Dell是家长的意见”
“想换一台imac，因为没用过想试一下”
“对散热特别不满意”
“学生用的笔记本没必要在外观上区别于家庭或者商务用途，
但我愿意定制个性的笔记本外壳”

对象 B: 哲学专业 大二学生男

“现在用联想的电脑，每天七八个小时左右”
“想换一台mac，因为有面子，并且想体验一下它的系统”
“笔记本外观没必要根据用户的不同而不同”
“对散热特别不满意”
“电脑、耳机和鼠标都黑乎乎的，外挂算是和谐”
“比较懒，不需要个性外壳”

对象 C: 医学专业 大二学生女

“主要是外观好看～性价比还可以。那时候还不太懂性能啥的”
“换一台Thinkpad吧，联想听人推荐，听说比较好用”
“考虑过Dell，不过没有仔细比较过”
“学生笔记本基本不用跟其他的有区别，稍微时尚点就好”
“我有很多耳机的说，原装耳机可以配个套，不过也没关系不大啦”

图 3-18　访谈实例

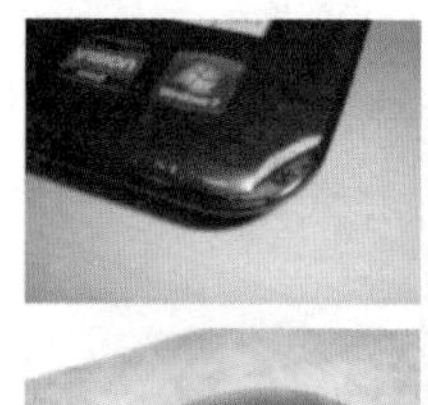
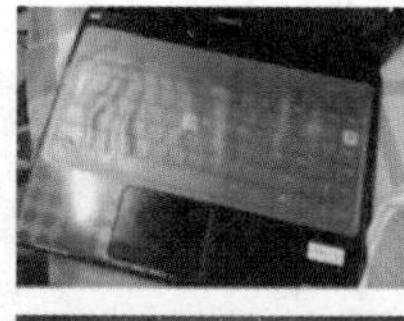
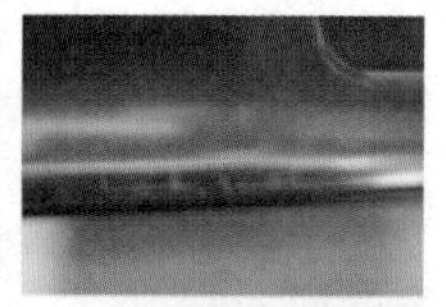
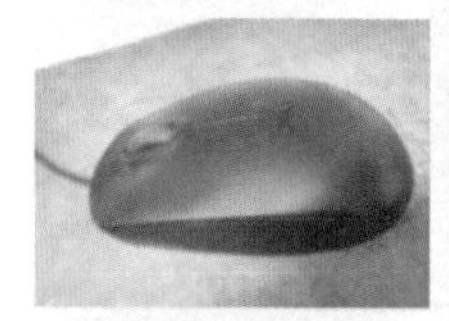

图 3-19　情景分析

这些方法的基础是用小样本来推测大样本的情况，通过观察分析典型目标用户来分析产品的功能需求。传统用户调研模式，因为调研的人群数量有

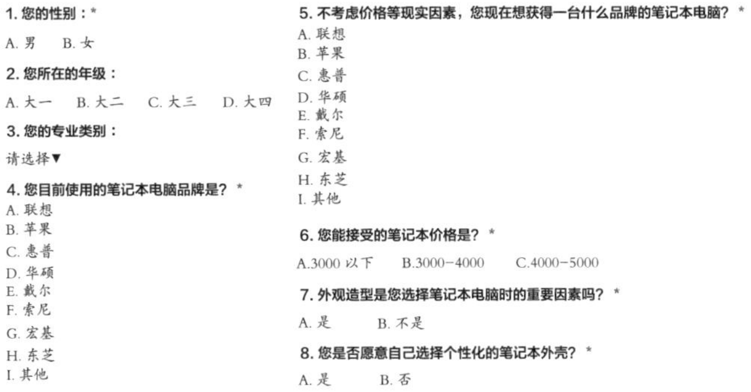

1. 您的性别：*

A. 男　B. 女

2. 您所在的年级：

A. 大一　B. 大二　C. 大三　D. 大四

3. 您的专业类别：

请选择▼

4. 您目前使用的笔记本电脑品牌是？ *

A. 联想
B. 苹果
C. 惠普
D. 华硕
E. 戴尔
F. 索尼
G. 宏基
H. 东芝
I. 其他

5. 不考虑价格等现实因素，您现在想获得一台什么品牌的笔记本电脑？ *

A. 联想
B. 苹果
C. 惠普
D. 华硕
E. 戴尔
F. 索尼
G. 宏基
H. 东芝
I. 其他

6. 您能接受的笔记本价格是？ *

A.3000 以下　B.3000−4000　C.4000−5000

7. 外观造型是您选择笔记本电脑时的重要因素吗？ *

A. 是　B. 不是

8. 您是否愿意自己选择个性化的笔记本外壳？ *

A. 是　B. 否

图 3-20　问卷调查

限，结果可能会出现偏差。但调研过程中跟用户的接触（访谈、观察），有利于挖掘用户的隐性需求，带来突破性的产品。

而随着互联网的发展及大数据时代的到来，设计开发可以依据网络数据获取用户的需求。下面来看一个相关案例。

有一个设计团队，2016 年上半年想开发一款产品，进行创业。由于缺乏资金，想在国内某平台上进行众筹。但什么样的产品容易众筹成功呢？需要去调研那些曾经众筹过的团队吗？他们没有这么做，团队中有人懂计算机，搞了一个“爬虫”程序，将该众筹平台上过去半年内众筹过的项目数据下载下来进行分析。分析过程中没有用到先进复杂的智能算法，仅是把产品、众筹数据（数量、金额）进行简单的聚类分析。结果表明，价格在 100 元以内的家居类产品更容易众筹成功。当然，家居类产品里面还可以进行具体的细分和挖掘。

这样一个过程，和传统的用户调研过程有所不同，是根据网络数据进行判断的。由于数据是已经真实产生的，所以结论应该是比较可靠的，比问卷调查、访谈等的结论更加接近于市场实际。

那么，互联网时代有哪些获取用户需求的方式呢？

1）个性化定制或者聚定制。背后实际上是利用 C2B 模式，进行需求预测，即消费者先给出自己的需求，生产企业再进行定制化生产。海尔是国内率先引入定制概念的家电企业，用户通过海尔商城可以选择容积大小、调温方式、门体材质、外观图案。这一类定制属于 C2B 商业模式里的浅层定制，它为消费者提供了一种模块化、菜单式的有限定制。考虑到整个供应链的改造成本，为每位消费者提供完全个性化的定制还不太现实，目前能做到的更多还是倾向于让消费者去适应企业既有的供应链。

2）通过众包众筹模式。众包众筹既可以筹集资金、共同创造，也可以解决市场需求调研问题。例如大家熟知的 Kickstarter 众筹网站（见图 3-21），每个项目都有预订的筹资额度和期限，如果期限内这个项目吸引到了预定额度的资金，就可以获得这笔资金并且启动项目，如果没有达到预定的额度，这个项目就要退回已获得的资金。这种规则，实际上预示了，如果众筹成功，意味着产品将来在市场上也可能获得较好的销售业绩；如果众筹不成功，预示着将来在市场上很可能也反应平平，不如趁早停掉。这实际上是通过众包的方式在进行市场调研。

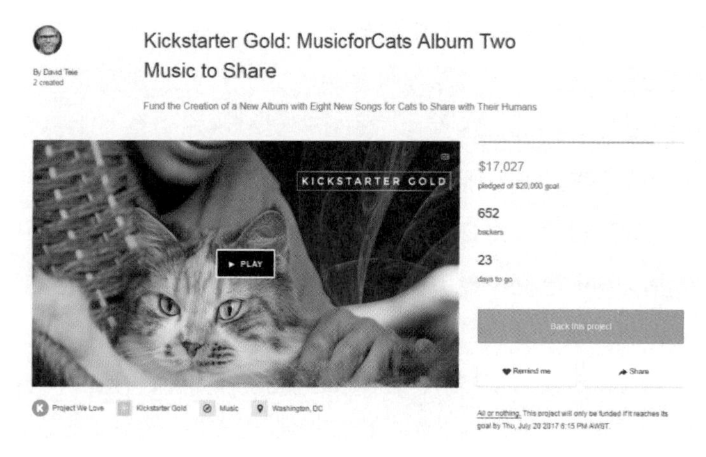

图 3-21　Kickstart 众筹网站
（图片来源：https://www.kickstarter.com/discover/places/hong-kong-hk）

3）依靠海量数据。前面已经通过一个小例子证明了通过数据可以进行产品需求判断。依靠海量数据，可以分析发现用户的行为规律并且创造出新的应用价值。以国内电商平台为例，他们拥有海量的数据，通过用户在线的每一次单击、每一次评论、每项浏览记录形成真实的用户档案，对这些数据进行统计分析和挖掘，可以掌握隐藏在数据后的用户行为规律，再通过这些规律来预测用户未来的需求变化。

由上面的分析可以看出，在当今及未来一段时间里，进行用户调研的方式将变得更加多样，如图 3–22 所示。传统的用户调研和洞察需求的方式，在设计突破性产品方面，仍然有强大的生命力；利用众包或定制方式，获取用户反馈的需求进行生产，在渐进式创新方面有重要作用；利用大数据，分析用户的行为，将为用户调研带来新的思路。

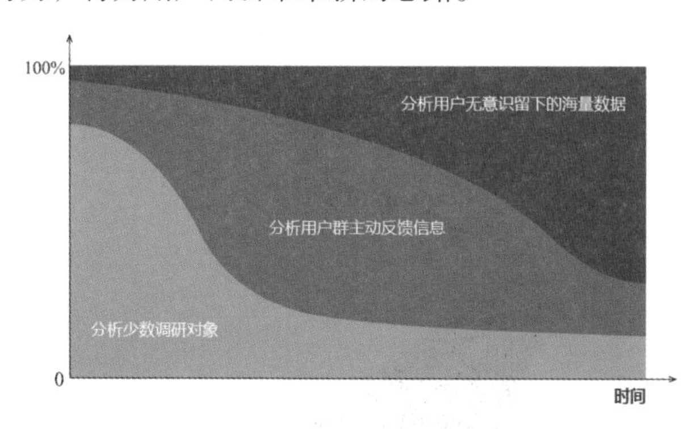

图 3–22　用户数据处理

3.6　设计工程和工具的变化

在设计活动中，创意和工程实现、加工制作工艺密切相关，有一些天马行空的造型设计看上去赏心悦目，却无法实现，这需要设计师对材料及工艺有很深的了解和关注。下面这把椅子叫做潘顿椅（Ponton Chair）（见图 3–23），今天看来似乎平淡无奇，但在设计史上的地位举足轻重。1960 年，这把椅子出现时，是世界上第一把采用单一材料一次性压模成型的家具。尽管在此之前，悬臂椅、Z 形椅的设计已经出现，但对于潘顿椅这样完全不靠附件来加固或者支撑的曲面椅子是完全超出人们想象的。

建筑设计也有类似的现象。建筑设计师可以设计出奇形怪状的房子，结构工程师却表示现有技术根本造不出来这样的房子。随着技术的进步，很多以前不敢想象的建筑现在出现在世人面前。英国女建筑师扎哈（Zaha）就总是挑战这种不可能的事，把建筑的结构做得随心所欲。她的一件代表作品是阿利耶夫文化中心（见图 3-24），流线型的曲面很好地把各个区域分开了。这些看起来挥洒自如的曲线造型，将结构工程师折腾得够呛，这不是做面团，想怎么捏就怎么捏，这可是建筑，是要供人使用的，安全性要有保障。还好工程师团队足够强大，材料结构及工艺问题都解决了，阿利耶夫文化中心从“吓人”的想法变成了优美的建筑。

图 3-23　潘顿椅
（图片来源：http://www. 一宅 .com/Uploadimages/products/2012722115137246.jpg）

图 3-24　阿利耶夫文化中心
（图片来源：http://www.th7.cn/d/file/p/2016/12/12/b1db4c3540fc45ebfd141f7a0ed9b0d5.jpg）

到目前为止，我们日常所用到的产品几乎全部来自于大规模的生产制造。当设计方案完成后，需要工程师来评估是否能够开模具、是否与工厂的加工水平相对应，等等，然后针对提出的问题来调整设计稿，确认可以达到加工的标准，开始制作模具并且打板。根据拿到的手板，再对模具做调整和匹配，一次次完善后，就可以用好的模具“复制”生产出大批量的产品。但是这样的过程很漫长，所以想尽快直接看到自己作品的设计师，会等得很焦急。

随着 3D 打印设备的出现，一切都快了起来，设计原型的制作变得便捷，小批量生产和个性化定制有了可能，也有更大的空间留给设计师来设计原本不能加工生产的产品形状。相比传统的工业设计模型制作，3D 打印技术的出现既提高了工作效率，又增加了模型的精确度。过去，从事工业设计的设计师和学生在构思、草图、方案效果图之后，会进行模型制作来进一步研究立体真实的形态结构，初级的模型制作材料一般是油泥（见图 3–25（a））、泡沫板或者石膏等，这种制作方法虽然成本比较低，但是模型的外观一般比较粗糙，制作周期比较长，还需要后期手工打磨。3D 打印技术的出现在极大程度上解决了传统手工模型制作的低效和低保真的问题。工业设计师只需要在电脑上画出 CAD 模型，将其直接导入 3D 打印机中，就可以在几分钟内生成一个外观逼真的产品模型。3D 打印模型如图 3–25（b）所示。

（a）

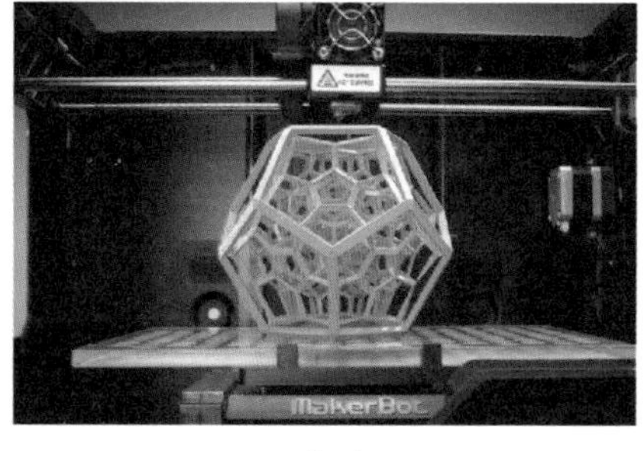

（b）

图 3–25　传统的油泥模型（a）和 3D 打印模型（b）

很多提供 3D 打印服务的公司也随之诞生。如 Shapeways（见图 3–26）是一家总部位于荷兰的创新制造公司，它利用 3D 打印技术为客户定制他们设计的各种产品，包括艺术品、首饰、iPhone 手机壳、小饰品、玩具、杯子，还为客户提供销售其创意产品的网络平台。Shapeways 推出新的订制戒指应用程序，让每个人都能在数分钟内设计出自己的专属戒指。可以选择现成的模板进行个性化调整，也可以从零开始设计。客户可以轻松修改款式、尺寸、厚度，还可以添加花纹。在过去，苦于传统加工行业技术的局限性，许多极具概念性的设计胎死腹中，如今在 shapeways 平台上，通过 3D 打印技术，一些传统工业存在的精细镂空加工问题即可快速得到解决。

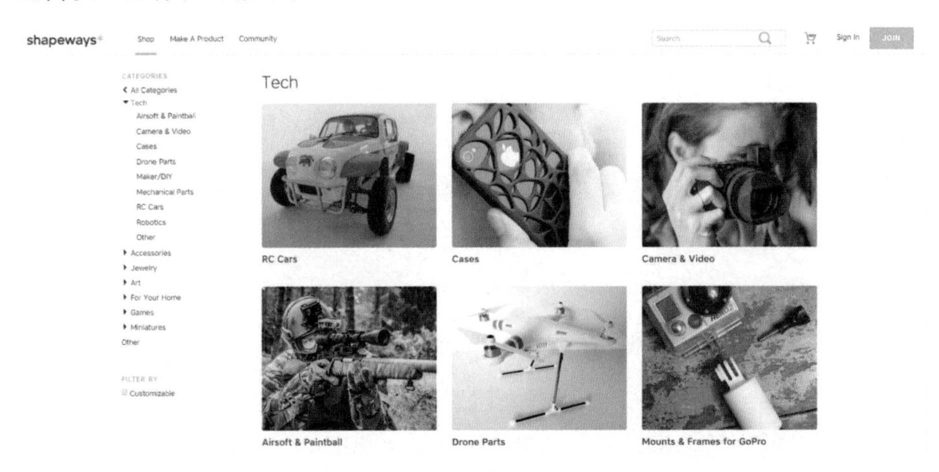

图 3-26　shapeways 3D 打印定制网站
（图片来源：https://www.shapeways.com/marketplace/tech/）

以前对于设计师而言，很难独立实现功能样机制作，更多的是“概念”设计，想好技术路线和产品造型设计，就算完成了一个设计。因为要打造功能完整的样机，需要不同专业的人来协助，有结构设计、电子电路设计、计算机辅助设计、造型设计，等等。开源硬件平台的出现，使得设计师能够像搭积木一样方便地搭建功能样机、验证创意；开源硬件平台的出现，让更多“草根”人群也能实现创意想法，客观上促进了创客的产生，推动了当前智能硬件的热潮。因此，有人说设计师像创客，创客像设计师，有点分不清楚了。

在国内高校中，浙江大学工业设计系在 2010 年率先采用开源硬件平台 Arduino 进行教学，大部分学生可以用 Arduino 集成各种传感器，通过简单的程序控制实现功能。实现创意对于设计而言，不再是难题，设计师可以实现“由内到外”的创新。学生运用开源硬件平台 Arduino 设计的交互产品如图

3-27 所示。

再加上虚拟设计和智能设计正在飞速发展，我们相信，将来能提供给设计师更多更好的工具，让创意能够更快更好地变为现实。

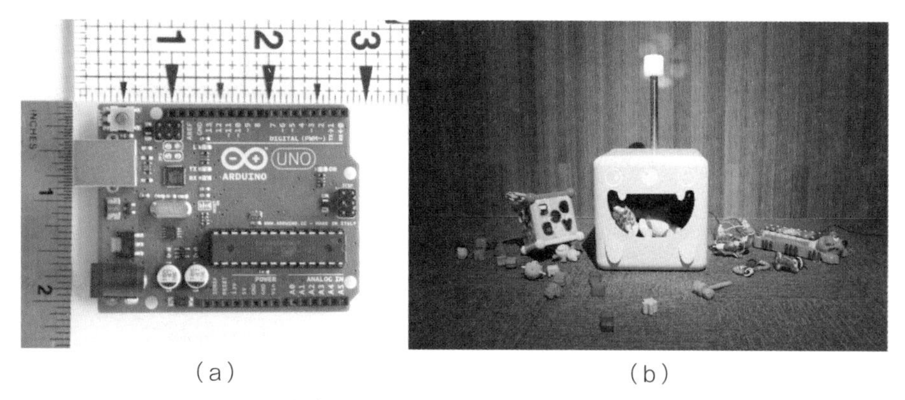

（a）　　　　　　　　　　　　（b）

图 3-27　学生运用开源硬件平台 Arduino 设计的交互产品

3.7　设计从专家走向大众，由个体创新向群体创新改变

长期以来，设计师给人的印象是有艺术气质、特立独行、奇思妙想，能设计出改变生活的产品、系统和服务。这些事情似乎都非常专业，依赖于设计院校培养的优秀设计人才。但我们发现，设计思维逐步在走向“非设计专业”人群。

3.7.1　设计思维正走向中小学教育

“设计思维”是设计师“吃饭”的技艺，它不同于逻辑思维，而是基于“同理心”和洞察力，发现问题背后的东西，并利用跨学科的知识巧妙解决问题的一种思维方式。渐渐地，大家发现，设计思维对于培养儿童的创造力也很有用。通过这套流程，不仅可以训练孩子的共情能力、统筹能力、可视化表达能力、合作能力、领导能力，还可以激发孩子的求知欲，以及全方位探索、运用学科知识的能力。于是，设计思维开始在中小学展开。

在美国开展设计思维课程的最著名的中小学是硅谷的一所名为 The Nueva School 的私立学校。Nueva 的设计思维教育从学龄前开始，贯穿于小学低年级、中年级及高年级阶段。进入中学阶段后，学生利用设计思维过程进行进一步探索，参与三个示范项目：服务与设计工程（7~9 年级）、综合项目（8 年级）和继续探索项目（9~12 年级）。这些项目的目的是解决从地方到全球的各类实际问题，且几乎涉及了包括科学、数学、工程、艺术、人文等在内的所有学科。

国内北京、上海等一些双语学校也已经注意到这种趋势，并开始引进这种教学模式。设计思维训练一般采用五个步骤：用户研究、聚焦需求、灵感发散、概念决策和制作原型。例如，以"宠物需求"为主题的设计思维课程，老师首先提出"宠物"这一服务对象，并启发孩子站在宠物的角度，思考它们存在哪些问题，需要哪些东西；接着让学生选择其中一个方向，进行发散思维，提出想法并用简单的画图表达出来；然后，老师鼓励学生们权衡利弊，挑选出最符合用户需要的那个，并且预估自己制作原型时需要什么原材料、每样材料大概需要多少；接着，老师把采购来的原材料分给孩子们，小朋友们根据自己的设计图进行原型制作；最后，老师带领学生一起进入"元认知"环节，即反思整个流程，与他们一起做总结。

3.7.2 设计思维在管理和商学院得到重视

设计教育和商学的发展几乎是同步的。但在很长一段时间里，设计教育和商学教育就像两条平行线，没有交集，直到 1969 年，诺贝尔经济学奖获得者赫伯特·西蒙（Herbert A. Simon）发表《人工科学》一书，提出设计课程应该被广泛传授，且有必要在商学领域教授设计课程。之后，欧美商学院才逐步对开展设计思维课程、设计管理课程与专业进行初探索。

21 世纪初，欧美一流商学院纷纷开设设计思维选修课程或者 MBA 项目，一场设计驱动创新时代的商学教育变革正式拉开帷幕。斯坦福设计学院与斯坦福商学院合作推出了设计思维训练营，哈佛商学院开设了商业设计硕士 MBD（Master of Business Design）项目，约翰霍普金斯大学开瑞商学院与马里兰艺术学院推出了设计领导方向的工商管理硕士学位项目……2015 年的一项调查研究表明，北美有 12 所商学院开设了设计思维项目。欧美商学院开展设计思维教育的历史如图 3-28 所示。

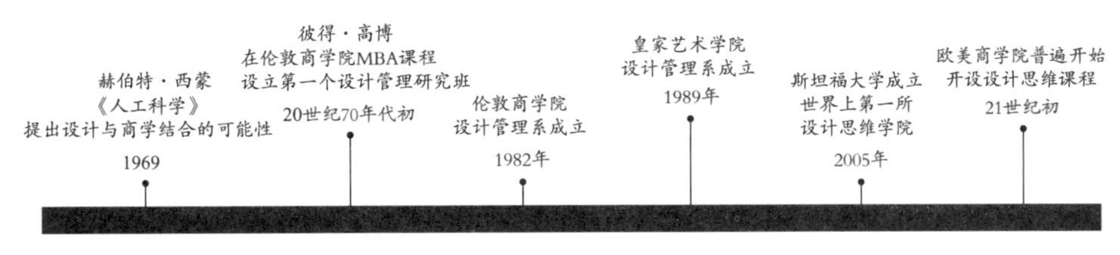

图 3-28　欧美商学院开展设计思维教育的历史

设计思维为什么会在商学院得到重视和普及？长久以来，商学院注重训练学生的理性分析思维能力，而忽视了直觉思维和创造性思维，将管理简化为解决问题，又把解决问题简化为分析。而过于强调分析技能，则让 MBA 毕业生无法满足未来职业发展的需求。设计思维的出现，从某种程度上来说，正好弥补了这方面的不足。

3.7.3　设计思维正成为大学教育中的通识教育

人们对于设计思维训练日益重视，其根本原因是意识到了设计所需要和能促进的能力，与人类一直轻视以致普遍缺乏，而对社会发展又至关重要的一种能力是一致的。

长期以来，人类过分重视逻辑思维分析能力的重要性，即我们大脑的左半球所负责的理性能力，而忽视右脑所负责的想象力、创意能力与全息性思考能力；表现在教育上，即过分强调读写和计算，却很少有对创造性思维能力的培养。设计的过程需要运用大量图形、原型等进行辅助思考与表达，这个过程能激发人的创造性与形象思维能力，也正是我们现阶段所缺乏的。因此，从长远来说，培养设计思维能力，能激发人类对未来可能性的畅想，有利于人类社会的不断前进发展。

通识教育的目的是为受教育者提供通行于不同人群之间的知识和价值观，以更好地适应现代多元化的社会。设计的认知对象与认知方式都与科学和人文这两大传统通识教育的内容不同，但它同样符合通识教育的目的，也能给受教育者带来更独特更珍贵的价值。因此，设计完全有理由成为一种通识教育。

斯坦福大学正在通过各种方式，联合国内外大学推广设计思维教育。

2017 年 6 月，来自 14 个不同大学的约 45 名学员参加了斯坦福大学教授的核心生活设计方法的新手训练，学习如何应用设计思维原则来帮助学习、生活和事业。

过去十年，斯坦福大学机械工程兼职教授 Burnett 和 Evans 一直在教授学生设计工具以及如何将其运用到事业与生活中。该课程成为斯坦福最受欢迎的选修课之一。如图 3-29 所示，机械工程设计系讲师 Dave Evans 在生活设计工作室中授课。越来越多的高等教育专业人员提出，希望了解更多关于设计思维的知识，从而在他们所在的机构或组织创建类似课程或计划。通过工作坊等各种各样的活动，斯坦福将设计思维以一种“滚雪球”的方式加速传播，向各个大学、各个专业推广。

图 3-29　机械工程设计系讲师戴夫·埃文斯（Dave Evans）在生活设计工作室中授课（图片来源：http://news.stanford.edu/2017/06/22/spreading-life-design-thinking-universities/）

3.7.4　从个体创新到群体创新

互联网的发展，除了方便大家在网上沟通、交流之外，还能够集合众人的智慧，进行群体创新。曾经引领一时风骚的 Quirky 平台，让我们看到了人人参与设计创新的可能性。Quirky 的用户可以积极参与到包括产品构思、设计、命名、生产、营销和销售的每一个具体环节中去。不同专业背景的人可以参与到创新过程中，没有设计技巧但思维活跃的人可以通过文字表达优秀的创意想法，有设计技巧的人可以通过草图和效果图来完善创意想法，有工程能力的人可以画出结构图，然后 Quirky 通过投票机制选出最有市场潜力的产品投产。Quirky 平台的开发流程如图 3-30 所示。

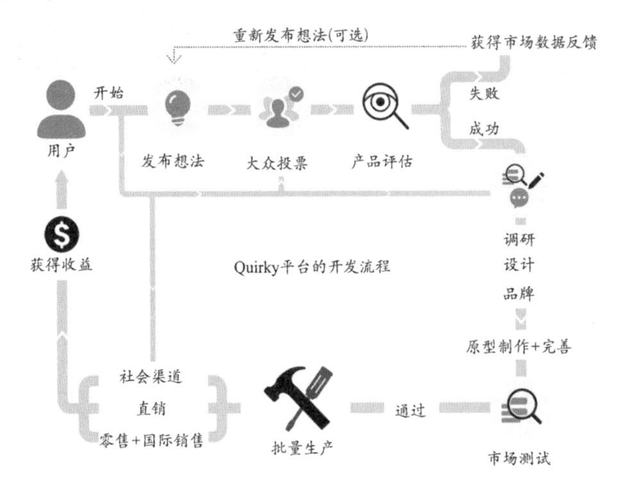

图 3-30　Quirky 平台的开发流程
（图片来源：https://thumbnails-visually.netdna-ssl.com/the-quirky-process_5029165a58f86_w1500.jpg）

Quirky 的模式，让非专业的人也能把想法变为创意产品。以往依赖于设计师的经验和天赋，在这里变成了大家一起共同创造，取长补短，完成设计过程。

3.7.5　创客的兴起

我们还关注到现在提倡的大众创业、万众创新，以及创客的兴起。深入探究创客的本质，发现除了少数创客团队在进行技术突破和技术创新外，大多数创客团队，依靠设计整合技术、市场和用户，创造有商业价值的产品，这本质上而言是一种设计创新。创客充分发挥了“草根”阶层的创新力量，是大众创新的具体表现形式。深圳柴火创客空间如图 3-31 所示。

图 3-31　深圳柴火创客空间
（图片来源：http://news.sznews.com/images/attachement/jpg/site3/20150416/0021856024e71699acb130.jpg）

上述事件引起了广泛的讨论：

1）设计会不会像英语一样，成为一种人人会用的工具？

2）设计师的专业优势在哪里？设计会不会“免费”？

毫无疑问，设计创新正在从个体创新向群体创新转变，从专业人员向专业和“业余”共同参与转变。这背后深层次的原因是什么呢？我们不妨来简单探讨一下。

1）这反映了设计向“纵深”方向发展，由外观创新向整机创新转变，设计的任务和价值正在扩展和扩大。原来设计师个人参与的外观创新，发展为多学科多专业人士共同参与的由内而外的整体创新。

2）设计师的角色也在发生变化，从设计某一环节的战术角色向设计整体产品的战略角色转变。相应地，设计专业学生的就业选择也在发生变化。原来设计专业学生毕业后的职业主要是产品设计师，现在更加多样，包括交互设计师、体验设计师、产品经理、战略设计咨询、商业设计咨询、首席设计官（chief design officer，CDO）、设计合伙人等。

3）设计可能会成为一种解决创新问题的工具，设计美学和设计思维教育将更加普及，传统意义上的设计价值可能会减弱（接近设计免费的意思）。与此同时，新的设计方向兴起，新的设计价值体现，设计师会迎来新的发展机遇。

第4章

技术和设计的融合催生新机遇

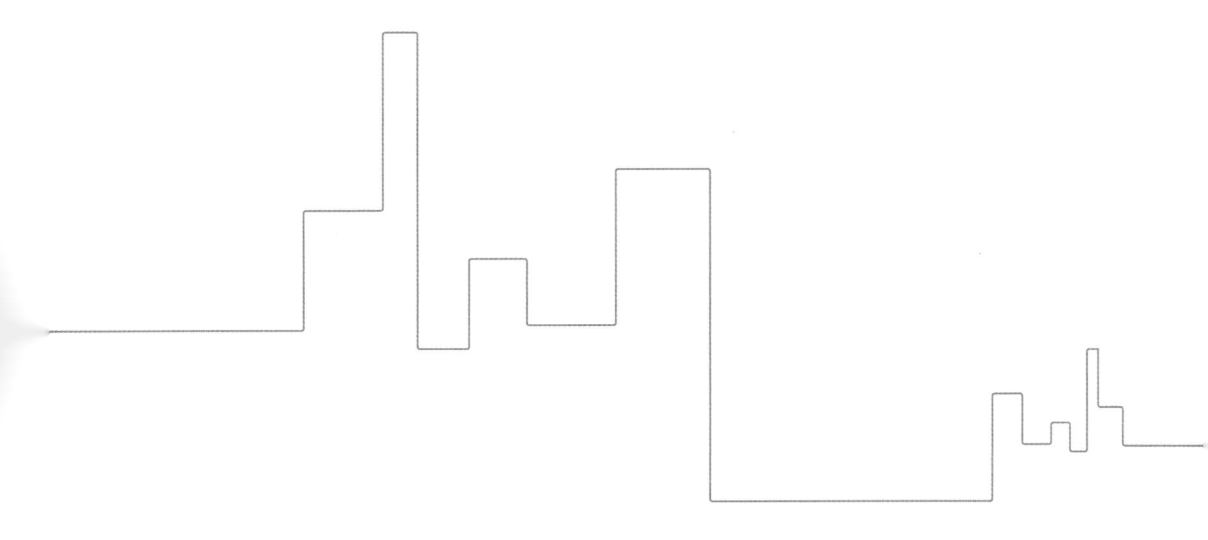

4.1　技术和设计的深度融合催生新机遇

4.1.1　知识（技术）商品化、开放融合造就设计

古时候手工艺者对于技艺的传承，多采用师傅带徒弟的形式。这种传承，在某种程度上是无私的分享，师傅并不能从徒弟那里获取很多收益。“一日为师，终身为父”的说法深刻地反映了这种师徒关系。在这种模式下，技艺（知识）的传播范围是有限的。很多秘不外传的技艺，如果传承不好就会流失。

十七世纪以后，现代科技开始发展，技术的进步催生出了先进的生产工具，工业化大生产逐步出现，技术和发明的重要性开始凸显。为了保护发明者的权益，也为了促进技术发明的传播和应用，避免重复开发，专利制度因此诞生。专利制度的基本内容是发明人将其完成的发明作品依法向社会公开，而社会赋予发明人对该项发明一定时期的独占权。

专利制度对于保护知识产权和鼓励创新起到了积极的作用，促进了科学技术的传播。但同时，专利制度也规定专利权人可以依法独占其专利权，专利权的使用必须置于专利权人的直接控制之下，任何人未经许可或依照法律特殊规定不得行使其专利。专利权人可以利用法律所赋予的垄断权控制对知识的利用和传播，这可能会阻止知识进一步地产生和发展，使社会经济的发展进程滞缓。知识传授方式变化如图 4-1 所示。

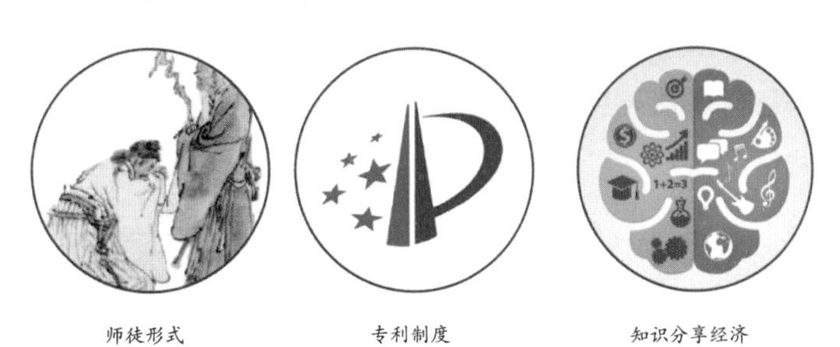

图 4-1　知识传授方式变化

中国的企业由于起步较晚，就曾经在专利制度面前吃够了苦头。比如，国产手机厂商魅族曾经被美国高通公司起诉，索赔专利费。一台净售价 2000 元的手机，需支付的专利费用大概为 7 美元至 10 美元，大约为人民币 45.5 元至 65 元。

而现在，这种专利垄断的局面正在发生变化，主要缘于两方面的原因。

（1）信息化使知识传播变得容易

知识和技术已经不是只有发达国家或少数走在时代尖端的企业才能拥有的了。通过互联网，知识可以在一瞬间传播到世界上的各个角落，拥有技术的人才也能够搭乘飞机自由移动到任何想去的地方。这在经济学上被称为知识商品化。

在今天，成为一个专业人士正变得前所未有的简单。知识不再被金字塔最顶层的极少数人掌握，而是随着互联网和在线教育的极大普及而变得开放，甚至免费。只需要一台电脑连上互联网，处于世界上任何角落的人都可以直接收听来自哈佛大学和斯坦福大学的顶级课程，接受学科领域最顶尖的教育。2012 年底，全球已有上万人共同参与了斯坦福大学的开放课程。互联网的出现打破了知识和信息的极度不平等，带来了知识的真正民主化和商品化。

（2）技术的开放和共享

相对于封闭的专利和知识产权保护，开放知识产权可以构成一种生态，并且能从中获取意想不到的收益。回溯到 2003 年，处于手机市场龙头地位的是诺基亚和摩托罗拉两家公司，他们牢牢掌控着手机芯片的核心技术。那时候的高通公司还只是手机芯片领域的“小角色”，和德州仪器、英飞凌等国际芯片厂商一样，都只能够提供核心芯片，而从芯片到用户界面、系统集成、软件应用等都需要手机厂商自己解决。这一“技术门槛”导致手机研发周期长，难度大。

这时，中国台湾的一家原本做 DVD 视频解码芯片的企业联发科，开始转型做手机芯片。联发科推出了“傻瓜版”的手机芯片，集成了通信基带、蓝牙、摄像头等模块。手机厂家只需要增加额外的电池等器件，并设计漂亮的外观造型，就能制造手机。手机的设计难度大大降低，生产周期也得以缩短至数周，成本降至数百元一台。

此时，中国深圳集合了国内优秀的硬件供应链企业和设计师。联发科的手机芯片平台给了设计师无限的发挥空间，各种创意新颖、造型靓眼的国产手机层出不穷，而且价格低廉。一度成为国内最大设计公司的嘉兰图，在这一波浪潮中凭借手机设计能力迅速成长。深圳华强北手机市场也开始繁荣，并誉满海内外。与此同时，“山寨”一词也开始被世界熟知。几款山寨手机如图 4-2 所示。

图 4-2　山寨手机
（图片来源：http://img.hc360.com/tele/info/images/200901/200901191142024928.jpg）

2007 年，苹果公司推出了 iPhone 手机，标志着智能手机时代的来临。得益于在个人电脑领域积累的软件和硬件基础，苹果公司不仅拥有自己设计的智能处理器，还开发了独创的 iOS 手机操作系统。凭借软硬件一体的封闭生态系统，苹果公司成为智能手机领域的领头羊。

苹果公司在手机市场风生水起这使得其他手机厂商纷纷想要效仿跟进，但操作系统的落后在短时间内是无法弥补的。这时，谷歌公司开发了安卓手机操作系统，并且宣布其开放共享，这意味着任何人都可以在安卓平台上自己设计智能手机系统。谷歌是软件公司起家，因此如果像苹果公司一样同时兼顾软件硬件产品，未必能获得同样的成功。谷歌曾经多次尝试设计手机硬件，并与工厂合作代工生产，但是从 Nexus 到 Pixel XL（见图 4-3），销售业绩却始终是不温不火。得益于安卓系统的开源，手机硬件厂商纷纷使用其作为手机的操作系统，因而构建了一个强大的安卓手机阵营。目前，世界上安卓手机的市场占有率已高达近 90%。

图 4-3　Google 手机 Pixel
（图片来源：http://www.qianjia.com/Upload/News/20170306/images/201703061030263303.jpeg）

而智能手机的硬件核心 CPU 的生产，也得益于 ARM 公司的开放策略。英国 ARM 公司开发了一套面向移动手机的 CPU 指令集，就是给 CPU 下达命令，指定它完成特定的操作。这套精简指令集系统（reduced instruction set computer, RISC），设计精妙，效率奇高。ARM 不直接生产 CPU，而是将技术授权给硬件厂商们，从中盈利。常见的芯片设计厂商，例如苹果、三星、高通、MTK[1]、英伟达、海思等，都是基于 ARM 指令集，它们占据了 90% 的市场份额。ARM 芯片如图 4-4 所示。

图 4-4　ARM 芯片
（图片来源：http://www.bazhongol.com/ueditor/php/uploadimage/20170111/1484106507436256.jpg）

[1] MTK，即 Media Tek.Inc, 中国台湾联发科技股份有限公司。

正是 ARM 和安卓两个开放的软硬件平台，带来了当今智能手机的百花齐放，不断向前。各大手机厂商，三星、华为、OPPO、VIVO、小米等，凭借自行设计的手机硬件，和基于安卓平台设计的软件系统，通过不断优化手机性能和用户体验，在市场上各领风骚。手机行业也成为让设计大显身手的地方，交互设计、用户体验设计等得以迅猛发展。

除了智能手机，无人驾驶汽车和电动汽车也是被广泛看好的新兴领域。先是特斯拉公司宣布开放自己的电动汽车专利，包括热管理系统、充电方法、热失控预防方法等。后有百度公司公开自己的无人驾驶技术平台阿波罗（Apollo）。Apollo 是由百度 AI 开放平台开发的一个开放的、完整的、安全的平台，它将帮助汽车行业及自动驾驶领域的合作伙伴，结合车辆和硬件系统快速搭建一套属于自己的自动驾驶系统。

可以想象，随着智能技术的开放，各种各样的智能产品和服务将会出现，这依赖于设计师的设计。未来，家里是智能服务机器人、马路上跑着各种无人驾驶的交通工具、工厂里面是各种智能操作机器人……

通过以上的例子，可以看出：

1）技术一旦被商品化，被开放和共享（在尊重专利和知识产权基础上），就会为设计提供各种机会，各种各样的产品和服务将会被设计出来。

2）当今正处于技术大发展的年代，各种新技术层出不穷，设计将面临越来越多的技术机遇。

4.1.2　技术融合设计与突破性创新

突破性创新（颠覆性创新）是近年来国内非常热门的词语。在传统印象中，技术创新将会带来突破性创新，然而更为普遍的是，技术的进步提供了未来的遐想，而设计创新则能把技术创新转变为现实的产品和服务上的创新，从而产生突破性创新。

晶体管技术是美国贝尔实验室发明的，后来随着一系列半导体公司的出现（生产集成电路和芯片），电子产品时代和信息时代就此开启了。晶体管最初都是用在军用设备上，因为军工订货量大，利润丰富，所以美国公司不愿意生产民用产品。这时候，日本的一个小公司东京通讯株式会社听说了这项技术发明，于是就派人到美国学习技术，并于 1955 年成功设计并投产了世界第一台晶体管收音机 TR-55（见图 4-5），一炮打响，迅速占领欧美市场。这家公司也随之发展壮大，成为后来为人熟知的索尼公司（SONY）。

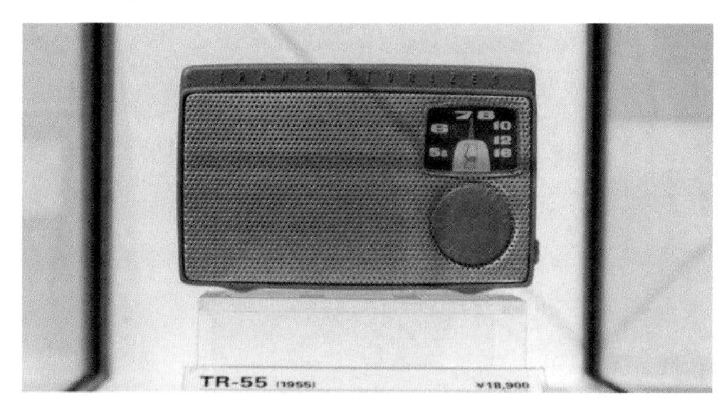

图 4-5　世界第一台晶体管收音机 TR-55
（图片来源：http://img.evolife.cn/2016-09/88ade8f70f144357_thumb.jpg）

早在 1895 年，Marconi 将无线通信实用化，发展了商业无线广播。后来的几十年间，德国、瑞典、美国的许多科学家都在改进无线通信技术。1973 年，摩托罗拉公司的 Martin Cooper，用第一个手机原型 DynaTAC 给 AT&T 贝尔实验室的 Joel Engel 打了一个电话。从此，手机的 1G 时代开始了。1983 年，摩托罗拉推出了美国的第一个手机产品 DynaTAC 8000x，开启了摩托罗拉的黄金时代。摩托罗拉在模拟无线通信方面有着任何公司都无法超越的优势，它最大的贡献就是在 20 世纪 80 年代初期发明的民用蜂窝式电话，也就是大哥大（见图 4-6）。到了 90 年代，摩托罗拉在移动通信、数字信号处理和计算机处理三个领域都已经是世界上技术最强的玩家，理所应当地成为移动通信行业的垄断者。

早期模拟信号手机出现时，人们并不看重手机的外观，通信质量是最被看重的。摩托罗拉是手机市场中信号最好的，基于模拟电路和信号处理的第一代通信技术基本被摩托罗拉垄断。到了 21 世纪初，一种新的数字信号通信技术出现了，摩托罗拉却没有足够重视，诺基亚则抓住了数字信号技术革命的契机，顺应新一代的移动通信标准，成为第一个投入商业运营的移动通信

图 4-6　早期的摩托罗拉手机——大哥大
（图片来源：http://nx.cnr.cn/shtc/it/200806/W020080602603877096056.jpg）

电话网络公司。

诺基亚在一开始并没有手机技术积累。早期的诺基亚仅仅是芬兰的一家木工厂。在数字信号通信这个新技术领域，摩托罗拉和众多其他公司几乎处于同一个起跑线上。此时各个公司的手机语音通话质量已经区别不大，当摩托罗拉还由于原先的定式思维影响把目标聚焦在语音质量时，诺基亚却将目标投入到了产品功能、造型和使用方便度上，推出了适应市场需求的一系列新产品，并根据不同的人群设计不同的移动产品。诺基亚把数字技术运用到移动通信手机中，并成功地把技术与设计结合在一起。这种创新设计的模式得到了消费者的青睐，使诺基亚很快成为全球新一代的手机行业领跑者，将摩托罗拉重重地甩在了身后。诺基亚手机产品发展线如图 4-7 所示。

多点触控技术始于 1982 年，由多伦多大学发明的感应食指指压的多点触控屏幕，同年贝尔实验室发表了首份探讨触控技术的学术文献。1984 年，贝尔实验室研制出了一种能够以多于一只手控制并改变画面的触屏。1999 年，“约翰埃利亚斯”和“鲁尼韦斯特曼”生产了多点触控产品，包括 iGesture 板和多点触控键盘，于 2005 年被苹果公司收购。这笔收购让多点触控技术真正走入了寻常百姓家。2007 年，苹果公司推出了第一代 iPhone，多点触控加上炫酷的交互界面和媲美电脑的手机操作系统，使真正意义上的突破性手机产品——智能手机诞生了。要知道，在当时，键盘手机仍然是主流，诺基亚等

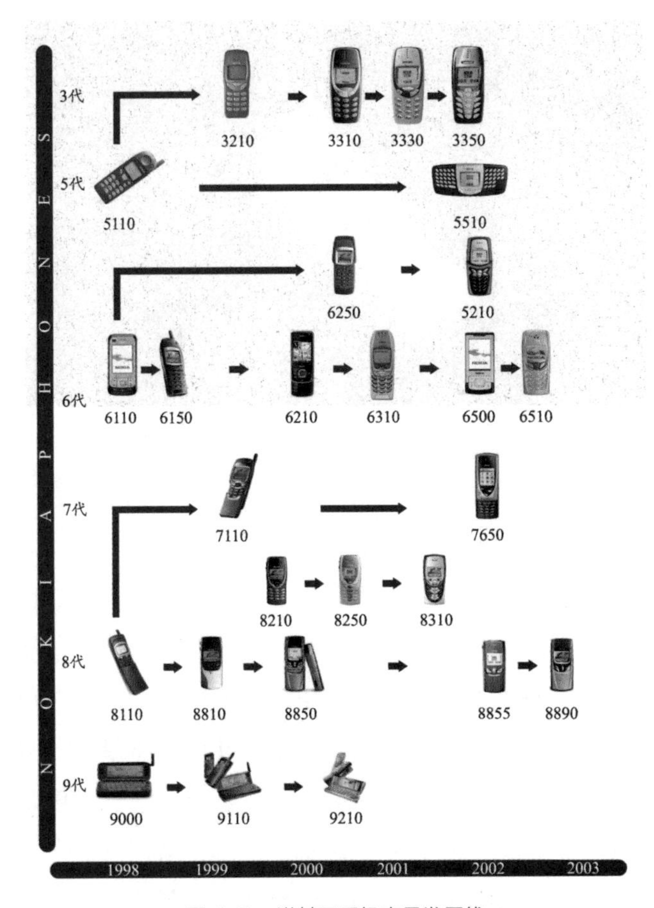

图 4-7　诺基亚手机产品发展线

主流手机厂商对智能手机的理解还只是能上网的手机。多点触控等技术在苹果公司手里，经过创新设计而诞生出了有价值的新型产品，改变了人们的日常生活。

磁带技术早在 20 世纪 30 年代便已出现。1963 年，荷兰飞利浦公司研制出了全球首盘盒式磁带，每一面可容纳 30 到 45 分钟的立体声音乐。1979 年，索尼公司利用该技术，推出了世界上第一台便携式随身听——Walkman，造就了磁带在全世界范围内的风靡。正是这个突破性的产品，使得音乐磁带的销售开始取代密纹唱片，随身听也一跃成为便携式音乐市场的象征。

2000 年前后，索尼公司研发了一款大容量小体积的硬盘，正愁不知道怎么用时，苹果公司却正好在四处寻觅这项技术，他们设计了一款能存储 1000 首歌曲并可以装在上衣口袋里的产品。凭借索尼的硬盘技术，iPod 诞生了。ipod 与 Walkman 外观对比图如图 4-8 所示。

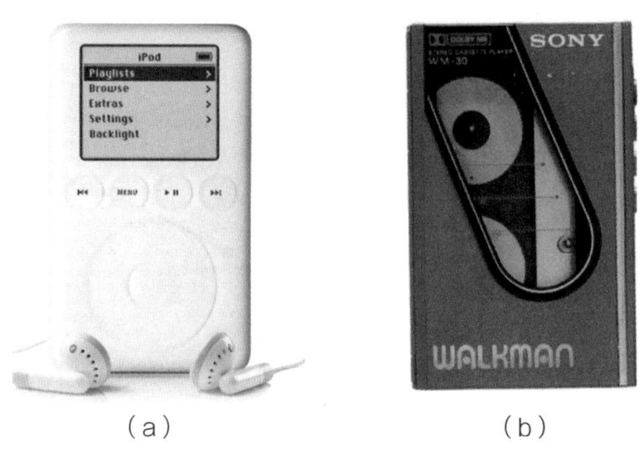

（a）　　　　（b）

图 4-8　ipod 与 Walkman 外观对比

我们再用表 4-1 来简单总结一下。

表 4-1　ipod 与 Walkman 对比

技术名称	发明者	突破性产品（颠覆性创新）
图形界面技术	美国施乐	苹果公司Mac电脑的图形操作系统
无线传输技术	意大利人马可尼	摩托拉拉公司的“大哥大”手机
多点触控技术	多伦多大学	苹果公司的iPhone
晶体管技术	贝尔实验室	索尼的晶体管收音机
磁带录音技术	德国工程师	索尼的随身听
大容量磁盘	索尼	苹果公司的iPod

由此可以看出，技术发明诞生后，其应用是个漫长的过程，而设计在其中扮演了重要的角色。设计让技术变成了突破性的产品和服务，让普通老百姓从中受益。

如今，我们正处在一个技术大爆发的年代，这给设计提供了巨大的机遇。2016 年 7 月，Gartner 公司发布了新兴技术曲线图。如图 4-9 所示，图中有三个趋势非常突出：一是感知智能机器时代来临；二是透明化身临其境的体

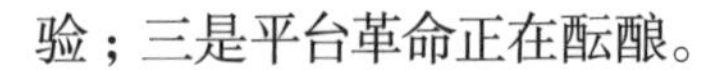

验；三是平台革命正在酝酿。

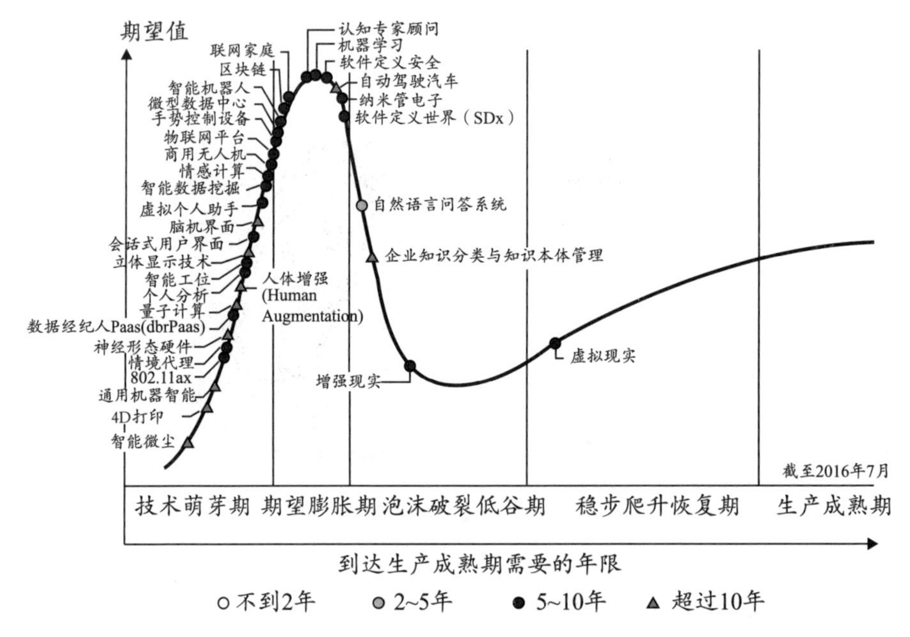

图 4-9　Garterner2016 技术趋势

最近几年，每年都有若干技术新名词火爆异常。从 2013 年的 3D 打印，2014 年的互联网思维，2015 年的“互联网 +”、大数据，2016 年的虚拟现实和增强现实，到 2017 年的智能，每一个技术都引起了一波追逐的浪潮和一波产业技术的变革。尽管不乏过热的现象，但也反映出了技术的革新变化之快，而设计则是建立在技术土壤上的创新魔法。

我们有理由相信，技术的不断更新迭代，将为设计带来新的机遇。

4.2　大数据时代的设计

我们处在信息爆炸的时代，数据量呈几何指数上升。很多人的生活和工作已经离不开电脑和手机：做研究和学习时，需要查阅科技文献数据库，搜索想要的资料；做生意时，需要查询行业信息和数据的支撑；购物时，可以从电商平台上看到各种商品的销售数据，比较价格；就医时，医生可以方便地利用身体检查数据进行诊断。同时，在社交网络上，人们分享自己的各种观点、照片和视频数据。各种信息和数据储存在虚拟世界中，为人们提供各种决策依据。

而设计和大数据有什么关系呢？传统观点认为，大数据是计算机和信息专家的业务范围，枯燥又充满理性的数据跟依靠直觉经验做判断的设计师之间，距离很远。设计师在大数据时代能扮演什么角色，发挥什么作用呢？

本节就这些问题做一探讨。

4.2.1　数据与设计调研

4.2.1.1　传统设计调研方法的优缺点

许多设计团队都有心理学、人类学等不同专业的人共同参与设计调研。在设计发展过程中，设计调研有很多行之有效的方式，例如问卷调查、访谈、观察、情景分析、民族志等。这些方法采用定性或定量的方式进行，察其言，观其行，再利用同理心，揣摩用户的内心想法，这往往是比较有效的。

以上设计调研的方法，都是针对特定的用户群体的，使用一定数量的小样本所产生的调研结果来代表大规模人群（市场细分）的需求。在此过程中即使略有误差，也可能会对调研结果产生极大影响。比如，采用问卷调查方法时，问题设计可能存在缺陷，问卷调查实施过程中被调查人参与的积极程度（能否耐心真实地填写问卷）；采用访谈方法，在设计调研中进行用户访谈，访谈人员是否有足够的经验使得被访谈人能积极认真地表述观点，被访谈人是否会碍于情面而不能真实反映观点；采用观察法时，观察结论依赖于观察人的个体经验；采用情景分析方法时，被调研对象的选择是否典型，能否全面地反映群体的特征。这些都会影响调查结果的可靠性。

尽管传统设计调研方法的干扰因素很多，结论的有效性难以把控。但在调查过程中，调研人员会和被调研人面对面地接触，除了能够进行表面的观察之外，还能够通过细微的行为体会被调查人内心深处真实的想法（隐性的真实需求）。

斯坦福大学的教授巴利·卡兹（Barry Katz，著作《因设计而改变》），曾经受邀为印第安纳州的一家医院做产品设计。为了完成这个设计任务，他们派出了设计师克利，去医院体验就诊过程。克利假装脚骨折了，必须要住院，护士对他进行检查后，发现不是枪伤，伤势不严重。然后就让他在走廊上一直等着。等了很久之后，护士终于来了，翻开床单一看，发现克利拿着摄像机正在录制视频。最终他们将克利拍摄的这段视频给了医院高管们看，在视频中有一段长达 7 分钟的医院天花板画面，这背后是患者默默等待就医的场景。看完之后大家都沉默了，首席执行官（CEO）说他终于明白了，在医院建立之初考虑了很多人的感受，但唯独没有考虑到患者的感受，患者的焦虑、痛苦和不理解会在漫长的等待中无限放大。

这 7 分钟似乎静止的画面看似平淡无奇，却如同当头一棒，彻底地打醒了医院的高管们。身临其境地洞察比无数的报表数据更容易引发高管们的同理心，患者们所面临的问题也才能真正被重视起来。

相比较于冰冷的统计数据，调研中鲜活的人物形象、积累的图片或者视频素材，可以为创新设计带来强有力的支持。并且，当上述素材在设计师带着同理心共情加工并深入地设计思考后，会比冰冷的统计数据更容易激发出超出预期的设计，即产生突破性的创新。这和下面将要阐述的基于数据的设计创新大为不同。

总的来说，传统设计调研方法可能不那么精确，对渐进式创新没有大数据精准，却更能帮助发现突破性创新的机会。

4.2.1.2 大数据用于设计调研的优缺点

在互联网时代，兴起了C2B、C2M、聚定制、众筹等模式，可以让商家在生产销售之前就直接有效地了解用户想要什么、喜欢什么，从而按需定制和生产。模块定制如图 4–10 所示。2012 年，海尔和淘宝合作，首次开启了聚定制的先河。用户可以选择电器的容积大小、调温方式、门体材质、外观图案。12 月 18 日当天，海尔定制团在聚划算上“团”出 8384 台波轮洗衣机、8322 台 32 英寸电视机，当天参加团购的 14 款电器共成交 6750 万元，销售出 4.3 万件。聚定制聚合了消费者的需求，在产品环节进行定制生产，然后将产品交付给消费者。

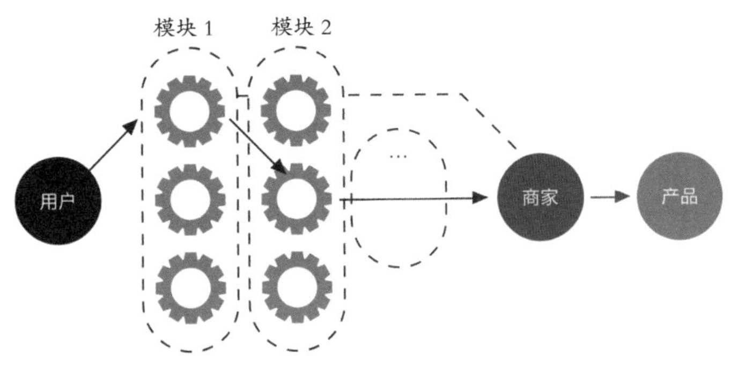

图 4-10 模块定制

从上面海尔这个案例可以看出，在互联网时代，需求数据较易获取，并能指导企业进行精准生产。除此之外，人们在网上留下了越来越多可追溯的“痕迹”（数据），如搜索的习惯、在电商网站上浏览商品的种类、观看时间的长短、购买的频率等，这些痕迹都可以成为客观分析用户需求的真实数据。与此同时，设计调研方式也在发生转变，如图 4-11 所示。

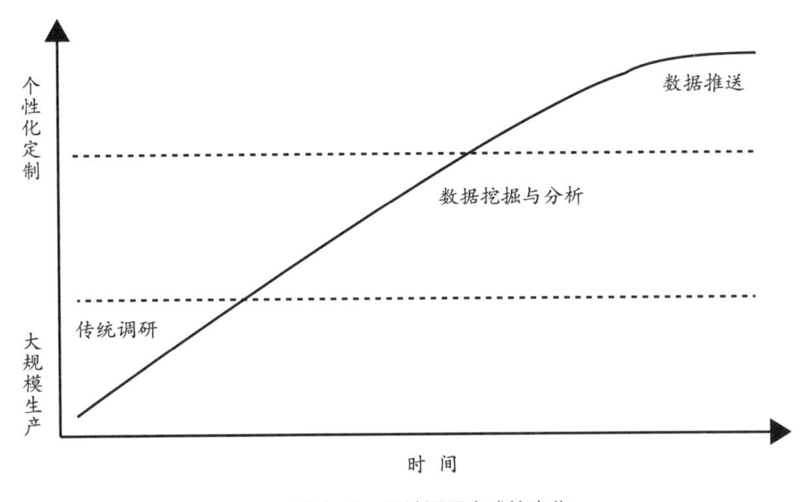

图 4-11 设计调研方式的变化

传统设计调研主要通过一定数量的抽样统计分析，预测这部分少数对象所代表的人群需求。与此相对应，设计师设计合适的产品，之后企业进行大规模生产，来满足这部分用户群的需求。互联网时代，用户的需求可以通过数据来反映。利用更加全面的数据和更加强大的信息处理能力，设计师可以准确地把控用户的需求，甚至可以推测用户自己都没有意识到的需求。此外，互联网时代，个人的需求收集起来也方便，因此，生产方式将慢慢从大规模生产向个性定制转变。

传统设计调研主要通过一定数量的抽样统计分析，来预测这部分少数对象所代表的人群需求。相较于传统的调研方式，在互联网时代，用户的需求可以通过数据来反映。利用更加全面的数据和更加强大的信息处理能力，设计师可以准确地把控群体的需求。除此之外，就连每个人的需求数据也能采集到，这使生产方式将慢慢从大规模生产向个性定制转变。设计调研变得更加容易，传统设计调研结果预测不准确的问题得到了解决。

有一家设计公司，创始人有一个家族企业，代工生产高压锅密封圈等硅胶制品。为了扩展产品品类，决定成立设计公司，自主设计硅胶类产品，摆脱单一代工的局面。但理想很丰满，现实很骨感。到底设计什么产品能有市场？针对这一问题，设计公司进行了调研，但终归没有掀起多少“浪花”。后来，他们找到一家电商公司，这家电商公司把自己的销售数据开放出来。设计公司拿到数据后，很容易分析出在每个季节，甚至每个月哪一类的产品销售良好，然后就有针对性地在这个时间段设计这一类的产品，委托该电商公司进行销售。如此，设计的产品针对性极强，销售情况非常好。

通过对获取的数据直接进行分析挖掘，得出用户需求，并进行针对性的设计，这便会形成渐进式创新。具体过程如图 4-12 所示。

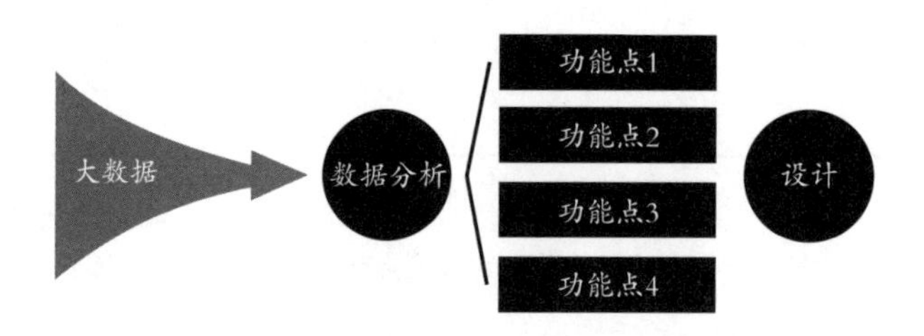

图 4-12　数据分析引导的设计

数据使设计调研更加容易，帮助设计师改善产品，对于渐进式创新来说好处多多。但精准的数据，却可能为突破性创新带来阻碍，这是为什么呢?

大数据能精确知道用户想要什么，通过数据的分析和挖掘以及 C2B、C2M 等模式更容易促进的是渐进式创新，而非突破性创新。其原因在于，数据反映出来的是用户对当下产品的想法，而设计师据此想法对产品进行微量更新以满足用户需求，就会形成基于市场需求的渐进式创新。

从数据映射到产品设计，不再有传统调研方式中面对面的沟通，不再有用户场景分析的图片和视频资料的刺激，设计师的灵感激发变得困难。设计师的设计洞察和创新，在面对统计数据时发挥空间有限，设计飞跃和突破性创新则更加困难。

也许，对隐性知识的挖掘以及对数据的可视化可以辅助设计师进行突破性创新。但无论如何，在大数据时代，如何利用大数据进行突破性创新，是值得思考的命题。

4.2.2　大数据时代的创新设计思维

如何理解创新思维在大数据中的应用？在涂子沛所著的《数据之巅》一书中所引用的军旅作家程光记录的林彪在辽沈战役间的一个故事，可以用来回答这个问题。

在 1948 年辽沈战役的战场上，东北野战军参谋部每天都要进行各种数据统计，包括敌我双方的伤亡情况、缴获情况等。司令员林彪对于数据统计的要求非常仔细，俘虏的敌人要分出军官和士兵，缴获的枪支要分区分出机枪、长枪、短枪等，缴获的汽车要区分出卡车和小汽车等。1948 年 10 月 14 日，东北野战军与从沈阳出援的廖耀湘集团在辽西相遇，双方展开混战，战局瞬息万变。

在战局进行中，一天深夜，林彪照例听取参谋汇报当天的战场数据。当听到当天下属某队同敌人进行了一场不大的遭遇战，歼灭部分其余逃走。参谋觉得与其他之前所读的战报数据并无异样，林彪听到，突然叫停并说："刚才念的胡家窝棚的战斗缴获你们有发现什么异常吗？" 参谋不解，这样的战斗每天都有几十起，不都是差不多一模一样的枯燥数据吗？林彪接着说："为什么那里缴获的短枪与长枪的比例比其他略高，为什么那里缴获和击毁的小汽车与大车的比例略高，为什么那里击毙和俘虏的军官和士兵的比例略高？我断定，敌人的指挥所就在那里！"林彪马上下令追击那部分敌人，最终的结果证实了林彪的判断。

面对同样的问题，参谋人员无动于衷，而林彪则基于经验洞察出了最有价值的结论。这其中，创新思维发挥了重要作用。

我们可以把大数据比作一座不为人知的未开发的"知识宝藏"，如何挖掘数据宝藏的价值，为数据找到合适的商业机会，单单靠数据分析和数据挖掘还远远不够。有时候需要联想边缘知识，有时候需要跨行业思考，需要为这些数据知识找到合适的应用场景，这些跳跃性的思考需要创新思维。

创新性思维对设计师来说非常重要，充满了机会。当设计师面对某一领域的大数据时，除了用数据处理工具来分析之外，还可以利用设计思维和洞察力来对数据的应用进行预测和创新设计。

设计师最擅长的恰恰是对交叉领域和边缘知识进行综合判断，利用情景分析、头脑风暴、角色原型等设计思维进行创新。因此，从这个意义上来讲，设计师可以在大数据的价值挖掘上发挥很大作用。这个模式可以叫"数据＋设计思维"（见图 4-13）。

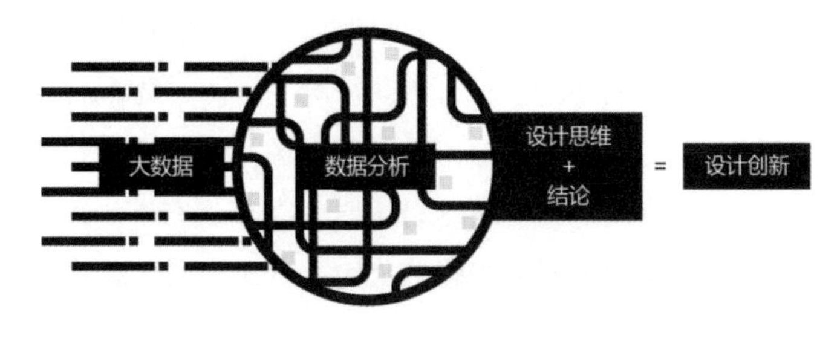

图 4-13 "数据＋设计思维"模式

彼得·德鲁克（Peter Drucker）曾列举了一个例子，说自己曾供职于一家外贸出口公司，该公司向印度出口挂锁。该挂锁便宜，但质量很差，甚至用别针就能轻易打开。生意好的时候，每个月要出口一艘船的货物。后来销量数据显示，出口生意逐渐下滑。数据分析只能给出这个结果。公司想当然地认为质量不好，于是改进了产品质量，生产质量更高的挂锁，但仍然止不住下滑势头，最后公司倒闭。

而另一家小得多的挂锁公司却没有直接从数据的“本本主义”出发，而是发挥设计思维，搞清楚销量数据下滑背后的原因是什么。他们经过设计调查研究发现，对于中低收入的印度人，尤其是农民来说，挂锁是一件有某种象征意义的物件（类似于宗教崇拜），小偷也不会去撬一把这样的挂锁。挂锁仅仅成为“挂着”的锁，由于不经常开导致钥匙经常找不到，因此不用钥匙的挂锁其实是更实用的。而对于城市里面大量增长的受过教育的中产人群来说，对挂锁的质量要求高，用途是要防盗防小偷。

基于此，公司决定生产两种完全不同的挂锁，一种没有锁和钥匙，只需要简单的松脱装置就能打开；而另一种是特别牢靠的锁，配有三把钥匙。这两种锁的客户群分别为低等收入者和中产人群，利润比原来挂锁高出数倍。依靠这两款产品，这家公司后来成为印度的最大的锁具出口商。

从上面例子可以看出，单纯的数据挖掘不一定能够直接给出结论，而结合设计思维（数据+设计思维），则能够搞清楚因果关系，得出好的结果。

4.2.3　设计与数据可视化

一堆枯燥而杂乱的数据，一堆规整的分析报表和数据结果，很难激发人们对于数据价值的兴趣。数据分析结果以什么样的形式进行呈现，对效果会产生很大的影响。人们对于图形的认知比数字更有效，而视觉图形更能引起人们的注意，激发人们的思考。数据分析属于逻辑思维，而图形属于形象思维。人的创造力不仅取决于逻辑思维，还取决于形象思维。辅以恰当的图示，会更容易激发人们进一步的思索：这些数据能够进一步用于什么，还能进一步发现哪些更有价值的信息?

在大数据时代，数据可视化正日益受到关注。

数据可视化是指借助图形、地图、动画等生动、直观的方式来展现数据的大小，诠释数据之间的关系和发展趋势，以期更好地理解和使用数据分析

的结果。为了呈现良好的视觉表现形式，数据可视化不仅需要数据，还需要美学设计，堪称科学与艺术的结合。（摘自《数据之颠》）

大家都熟知的提灯女神“南丁格尔（Nightingall)”，不仅精于护理，还谙熟数学。她曾画过一张令世人震撼的数据分析图，挽救了无数战士的生命。

19 世纪 50 年代，英国、法国、土耳其和俄国进行了克里米亚战争，英国的战地战士死亡率高达 42%。南丁格尔主动申请担任战地护士，她率领 38 名护士抵达前线，在战地医院服务。她在考察了英国士兵的死亡原因后，发现由于医疗条件差导致的死亡人数远远大于战争中牺牲的人数。但是，当时的高层对于统计报表并不重视，医事改良的提案一直没有通过。为了吸引高层的主意，南丁格尔独创绘制了一张圆形极方图（见图 4-16)，用圆弧的半径长短表示数据的大小，将“战斗死亡”和“非战斗死亡”的人数比例夸大呈现。强烈的视觉冲击打动了军方人士和维多利亚女王本人，直接促成了英国政府出台建立战地医院的决定。在南丁格尔的努力下，仅仅半年左右，伤病员的死亡率就下降到 2%。这张图后来也被称作“南丁格尔的玫瑰”。

如图 4-14 所示，“圆形极方图”的设计，巧妙地将数据进行对比夸大，以达到突出战死和非战死数量差距的效果。数据可视化只有经过精心设计，才能获得最完美的表达，给人带来深刻的印象。耶鲁大学教授爱德华 · 塔夫特（Edward Tufte）曾强调设计在数据可视化中的关键作用 :“信息过载这回事并不存在，问题出在糟糕的设计，如果你用来表达数据的图形让人感觉杂乱不解，那就需要修改你的设计”。（引自大数据）

设计师天然地对图形更加敏感，擅长于形象思维，因此数据可视化与设计师有着密不可分的关系。考虑设计如何和大数据进行结合，除了进行视觉设计外，还需要充分了解数据背后的知识、数据的应用目的等，而这些与设计调研的方法相关联，访谈、观察、情景分析、头脑风暴等都可以在数据可视化过程中找到发挥作用的空间。一旦设计与数据可视化进行融合，数据立刻形象生动起来。图表、动画、三维展示等，将极大地拓展人们的视野，激发人们对数据的探索能力，将美学元素带进智能商务时代。

2012 年，数据可视化学者大卫·麦克坎德莱思（David McCandless）和全

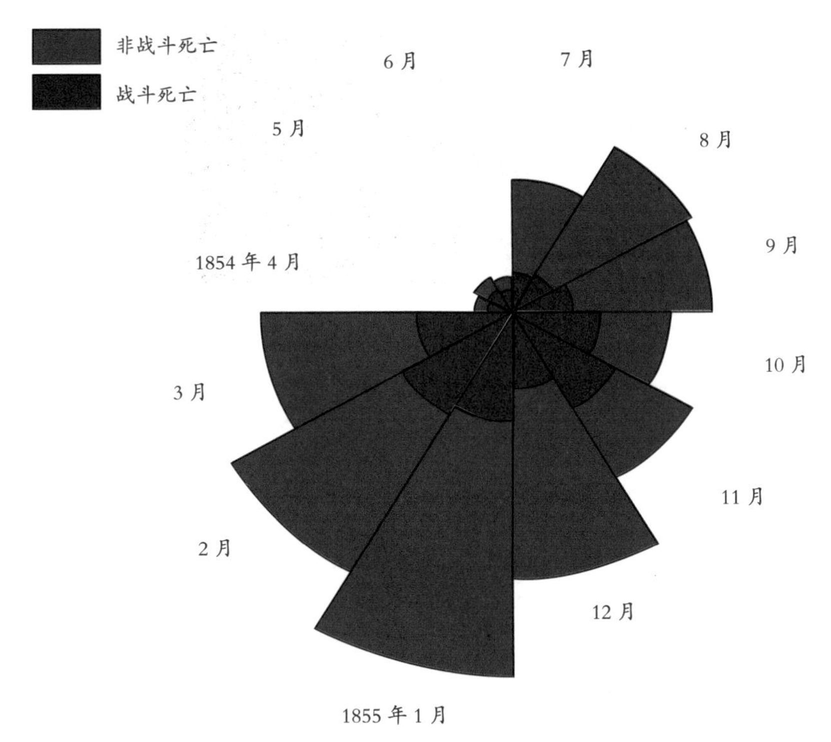

图 4-14　英国军队士兵的死亡原因（1854 年 4 月—1855 年 3 月）

球知名研究、分析和咨询网络集团凯度公司的创意总监艾兹·卡米（Aziz Cami）共同创立了“凯度信息之美奖”，设立“数据可视化”“信息图”“交互可视化”等 6 个类别，每年评出金、银、铜奖，嘉奖信息与数据可视化的优秀作品。

如图 4-15 所示是 2016 年“凯度信息之美奖”数据可视化项目的金奖作品《数据美食》（部分）。乍看起来，这仿佛是一张角度、打光无可挑剔的烹饪摄影作品，而它实际反映的却是严肃的社会问题。在伊朗，排行全球前 500 名的网站有一半都被封禁了，但仍有 70% 的年轻网络用户使用代理服务器访问这些网站。这张图借用意大利调味饭中不同颜色的米粒来代表这些数据：上半部分的黄色米粒代表可访问的网站，下半部分代表被封禁的网站，其中夹杂着的黄色米粒代表能通过代理服务器进行访问的网站。

图 4-15　2016 年度“凯度信息之美”奖数据可视化项目金奖作品《数据美食》（部分）

作者莫里茨·斯特凡（Moritz Stefaner）是一名专注于研究数据可视化的独立设计师。这组图的灵感来源于他在思考食物是否可以作为展示数据的工具，而数据又是什么味道的。最后他选择使用当地的食物来展示当地相关的数据，比如说用披萨来展示芬兰首都赫尔辛基的不同种族人口比率，用当地鱼类做的鱼汤来展示当地渔业的数据等。

这是一个设计在数据可视化中作用发挥得较为极致的例子，融入了设计师独到的创意与思考。当然，多数数据可视化作品的设计更注重的是如何以合理而清晰的方式展现高维度数据，如何以不同的方式展示核心数据与次要数据，如何使读者被图片吸引、迅速得到要领并产生共鸣，最后才考虑可视化的美观程度。

4.2.4　总　结

大数据和设计的结合越来越紧密，目前看有以下几个方面：

1）对数据进行精准获取和分析，可以有针对性地进行设计。从当下情况来看，大数据有助于渐进式创新，依靠数据来进行优化设计，“哪里不对点哪里，So easy！”。

2）通过设计思维创新，为数据找到合适的商业机会。万物互联的时代已经到来，数据越来越丰富，如何利用数据，除了进行数据分析和挖掘，还需要发挥设计师为主体的创新思维能力。

3）设计和数据可视化。数据分析结果以什么样的形式呈现，对效果会产生很大的影响。人们对于图形的认知比对数字更敏感，视觉图形更能引起人们的注意，引发人们的思考。设计师对于图形更加敏感，习惯于图解思维。因此，设计师在数据可视化方面有很大的用武之地。

4.3 在线设计（互联网 + 设计）

4.3.1 设计师与消费者的连接

设计师最开心的事情，是看到自己的设计作品投产销售到顾客手中，并获取相应的回报。但很多时候，设计师仅仅提供了设计创意，却缺少平台来连接消费者。而一些有影响力的公司就能为设计师提供这样的平台。

1962 年，美国零售折扣大时代开启。凯马特（Kmart）在密歇根州开办了第一家商店，沃尔玛（Walmart）（见图 4–16（a））在阿肯色州开出了第一家折扣城，塔吉特（Target）（见图 4–16（b））在明尼苏达州开设了 4 家店，这便是后来在美国甚至全世界都富有影响力的三大零售业巨头。五十多年后，作为现代超市型零售企业的鼻祖，凯马特步履维艰，沃尔玛则依靠低廉价格占领市场，成为零售行业的领导者，而塔吉特凭借“平价时尚”的理念，从折扣店的混战中杀出重围，成为在美国唯一能与沃尔玛分庭抗礼的对手。2006 年，塔吉特在《财富》五百强排名第 29 位，利润率达到 31%，而沃尔玛的利润率是 21%。

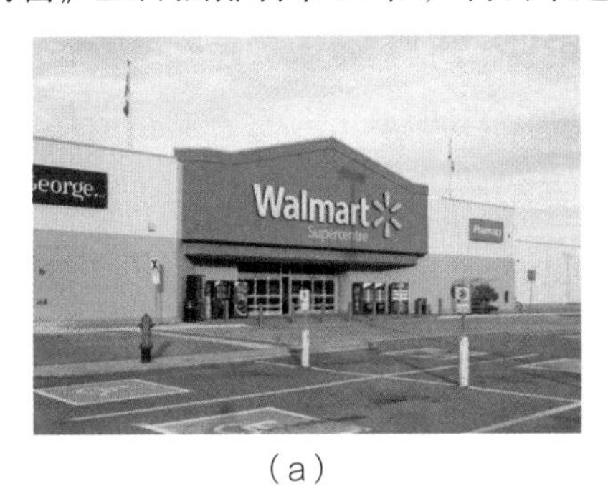

（a）

（b）

图 4–16 沃尔玛（a）和塔吉特（b）超级市场

那么塔吉特成功的秘诀是什么呢? 塔吉特通过提供竞争对手所没有的东西使自己与众不同：有品味且低价的服装和厨具。由此成功吸引了稳定的客源，带来了极好的营销效果。

1999 年，塔吉特与大牌设计师发起合作，推出了由著名设计师迈克尔·格雷夫斯（Michael Graves）设计的茶壶。后来，塔吉特又分别在 2002 年和 2011 年推出了艾萨克·麦兹拉西（Isaac Mizrahi，美国著名时装设计师）和意大利时装公司 Missoni 的系列产品，均大获成功。塔吉特具备了在超市行业里难以想象的时尚气质，迄今为止已有 150 位设计师与它合作。塔吉特逐渐减少其他折扣商店也出售的大众品牌，转而销售只有塔吉特才有的独家商品，尤其是与知名设计师合作的特别款。如此不但能够满足顾客对产品质量的要求，而且大幅提升了塔吉特高级、时髦的形象。

这样的设计师企业合作模式也在许多公司推行，比如 H&M、宜家等。这种模式能将设计师的作品快速投产，在人流量密集的地方展出销售，并从中获得不菲的收益。但是能与大公司合作的设计师仅仅是少数人（注意是合作产品而不是出售设计创意），大多数的设计师并不能得到这样的机会。

而随着互联网的兴起，展示产品、销售产品和获取收入有了更加便捷的途径。线上电商平台为设计师提供了绝佳而平等的机会，与消费者的链接不再是少数设计师的专利。互联网与设计结合的案例如图 4–17 所示。

2000 年，两位来自芝加哥的设计师杰克·尼克尔（Jake Nickell）和雅各布·德哈特（Jacob DeHart）共同创立了名为 Threadless 的公司。他们不曾想到，一个互联网和设计相融合的时代就此打开；他们也不曾想到，Threadless 会成为众包模式的始祖，众包时代也就此开始（直到 6 年后，其运营模式才被归纳成众包模式）。

Threadless 公司集合了服装生产销售和社交网站的功能。在它的网站上，艺术家们可以上传自己设计的 T 恤图案，然后由网友们投票。得到最高票数的作品会被印在衣服上，每件售价从 18 到 24 美元不等。中标的艺术家则能获得 2000 美元的报酬和 500 美元的网购代金券。因为只生产顾客们确定会喜欢的那些东西，所以 Threadless 从成立之初就一直保持着盈利状态。原本产品只限于在网站上销售的 Threadless，在 2009 年开设了线下实体店。据 2013 年统计，网站每个星期大概会接到 1000 件以上的设计，网站拥有几十万的注册会员，通过他们的选票决定要生产的设计。之后公司会根据需求量定制绝版

图 4-17　互联网与设计结合的案例

的 T 恤，销售一空是常有的事情。他们会把这些热门 T 恤的设计版税按定制量支付给设计师。

MOO 是 2006 年在伦敦成立的在线设计印刷公司。在 MOO 的在线系统上，用户可以上传照片或者进行排版设计，从而定制出精美而有创意的名片、明信片等。服务主要针对小型的企业或者创业公司。 2012 年，MOO 印刷了 5000 万张商务名片。2013 年，这个数字突破了 1 亿，且以每年 20% 的速度持续增长。MOO 整合 Facebook 时间轴推出了社交商务名片，用户可以在名片正面印上自己的照片，背面则附上个人说明或者喜欢的名言等，每张名片都不相同，供用户在不同的社交商务场合使用。

Ponoko 是一个成立于 2007 年的在线设计众包平台，已经拥有完整的线上设计社区、设计软件以及遍布全球的加工制造中心。它乍看起来像个线上市集，用户可以在上面找到许多创意作品。然而，事实上 Ponoko 不仅仅是个线上市集，更是一个新兴技术平台，提供制造、设计交流、销售和购买的服务。Ponoko 自喻为产品设计领域的 Flickr 和 Youtube，拉近创作者、数位生产、原材料供应商、消费者之间的距离，实践开放设计（open design）的理念。在这个平台上，设计爱好者们可以更频繁地分享产品信息。

Ponoko 称其模式为“无风险的零售”（no-risk retailing）：设计师上传自己的产品，等待消费者们上门选购，再行制造。在这样的生产模式下，Ponoko 成功实现了零库存。目前，全球范围内 Ponoko 注册用户已超过 75,000 个；截至 2012 年，用户已经通过 Ponoko 平台设计并制造了超过 100,000 件产品。

4.3.2 设计师电商品牌

杭州是国内电子商务的发源地，诞生了阿里巴巴、淘宝等国内外知名的电商企业，也为设计和互联网的连接提供了有利条件。

毕业于浙江大学的设计师李游，带领设计团队设计了“竹语”天堂伞，让拥有悠久历史传统的江南雨伞焕发出了新的生命力。“竹语”的诞生正是天堂伞老品牌转型升级的体现。“竹语”的设计理念源于“西湖绸伞”的传统文化，而“竹”作为一种生态材料，具有环保低碳的优势。因此，“竹语”的设计既是对传统文化的继承，也是对现代工业产品环保设计理念的践行。2013 年，“竹语”天堂伞相继获得了 IF 和 Red Dot 两项极具分量的德国设计大奖（见图 4-18）。

图 4-18　天堂伞设计获得国际知名大奖

获奖之后，如何让设计从一张获奖证书变为市场的宠儿，正是以往众多设计师所难把控的事情。于是，李游团队决定尝试互联网和设计的结合。首先，他需要打通两个环节。第一个环节是从设计到产品。竹材料设计的雨伞，看起来美观、富有情怀又环保，但真正实现起来却没那么简单。李游团队多次深入安吉等出产竹子的地方选择合适的竹材，并与天堂伞业公司的工程师深入探讨工艺细节，深化设计。“竹语”最具特点和诗意的是伞柄，看似简单的设计却是反反复复修改了十几遍的结果。有时图纸看上去已经很完美了，但制作出来的效果却不尽人意。于是在一次次的讨论、修改、打样后，最终完成了“竹语”的点睛之笔——设计了一个有镂空大椭圆的手柄。从概念设计到第一把不甚完美的样品伞出炉就经历了大半年，最终天堂伞公司成功实现了竹语系列的批量生产。第二个环节是从产品到商品。如何扩展销售渠道，让“竹语”到达消费者手中并获取利润，对于传统设计团队而言是十分困难的。李游团队通过互联网电商渠道，将产品呈现在更多消费者面前，独立掌控了产品的销售过程，这是设计团队延伸服务链条的一次大胆尝试。到 2014 年，“竹语”系列伞在互联网电商平台的年销售量超过了 2 万把，销售收入近千万。

如果仅仅是做设计，李游团队恐怕只能获得几十万的设计服务费。但通过设计与互联网的结合，让设计成为商品，设计团队成为设计商业团队，明星产品带来了持续不断的收益，最终实现了设计价值的商业化。

杭州博乐工业产品设计有限公司是国内设计公司当中的佼佼者。它采用整合设计服务模式（产品创新、品牌策略、商业终端、数据营销），专注服务于成长型中小企业，通过系统、稳定、持续的年度合作方式，帮助企业成长。它同德力西家居电气合作设计，将家居电气销售收入从 5000 万提高到 7 个亿；通过整合设计，帮助拓扑旋转拖的销售额从 2000 万飞升到 4 个亿。

在此基础上，博乐设计公司在自我创新发展上探索出“创新设计 + 优势制 + 互联网 + 品牌运营”的深度融合发展模式，与行业领先企业联合投资孵化新品牌，优势互补、强强联合。已成功孵化：“橙舍”竹品家居品牌（见图 4–19），首年就获得 45 项国家专利，销售突破千万元；“69”高端情趣互动品牌，首款“智能电臀”在淘宝众筹一个月筹得 653 万元，受到市场热捧；“Kalar”婴童出行品牌，与京东、苏宁等大平台建立战略合作，并运用大数据营销获得了精准传播。博乐探索出了一条“设计驱动的互联网 +”新模式。

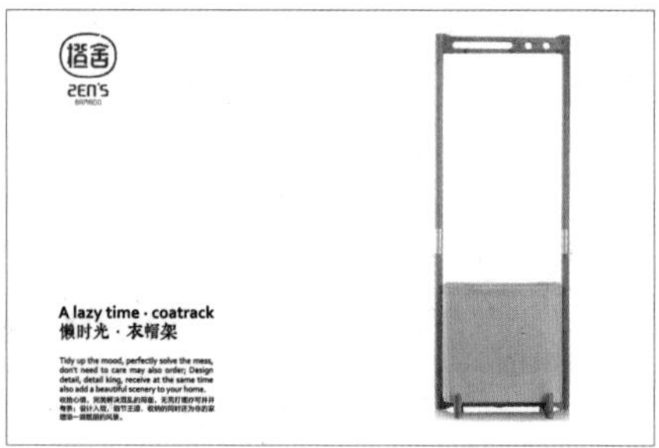

图 4–19 橙舍

网络平台使得设计师与消费者的距离前所未有地近。由于之前设计师往往没有财力进行生产和建立销售渠道，若设计师的作品想要到达消费者手里，需要将自己的创意出售，经过制造商生产，再经过渠道商进行销售。现在设计师可以依靠线上渠道，整合线下企业进行代工生产，再加上现在的网络众筹和预售模式，设计师可以更大地实现自己的价值。

在设计 3.0 时代，由于技术条件的转变（知识商品化），物理信息的互联互通，商业的地位和价值变得更加重要，这也促使设计不断地升级。通过互联网这一共同的纽带，设计师可以贩售自己的原创设计，程序员可以外包自己的技术工作，就像很多众筹众包诞生的产品那样，通过设计和技术的结合而产生满足大众需求的创新产品。互联网这条纽带将原创设计师、技术开发者和消费者这三边连接起来，消除了传统产品开发闭环中很多不必要的环节，更加突出了用户对产品体验的需求，设计也因此升级了（见图 4–20）。

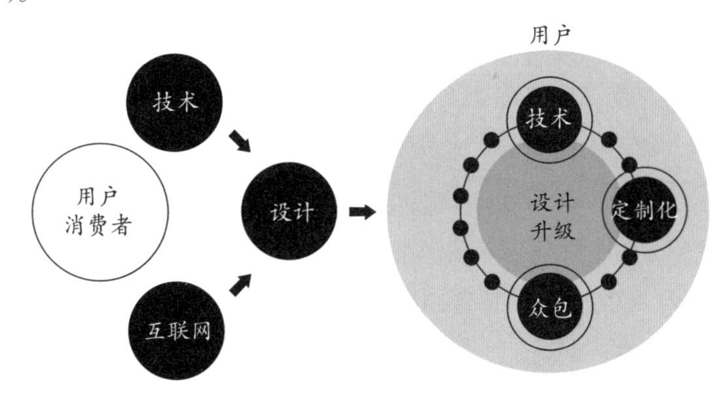

图 4–20　设计升级

4.3.3　个性化定制

设计的最终目的是设计出优秀的产品以满足用户的需求，但如何准确获取用户的需求进而设计出合适的产品却一直是个难题。用户的需求千差万别，一个人觉得好的东西，换一个人可能觉得未必好。因此，个性化定制是被看好的解决方案。早在 1970 年，美国未来学家阿尔文 • 托夫勒（Alrin Toffler）在其著作《未来的冲击》（*Future Shock*）中提出 ："未来的社会将要供给的不是有限的、标准化的商品，而是有史以来最多样化的、非标准化的商品。"

然而个性化定制一直没有成为现实，直到互联网的出现才得以实现。个性化定制的前提是获取个性化的需求，而传统问卷、访谈等调研方式，用于获取大规模群体的需求已经很困难，更别提个性化需求了。而互联网的诞生使得获取个性化需求变得简单。

首先为人熟知的是大规模的个性化定制。1984 年，迈克尔·戴尔（Michael Dell）创立了戴尔计算机公司（Dell Computer）。戴尔率先尝试了网络定制化生产，按照客户需求制造计算机，并直接发售给客户。这种革命性的理念使得戴尔公司迅速成为全球领先的计算机服务商。

戴尔的定制化生产能够成功，一是因为它充分利用了先进的信息技术。最初，戴尔通过电话等与客户建立直接联系。而互联网的出现，使公司能够更加便捷地同每一个用户沟通交流，确定用户的个性化需求并予以满足。这不仅能给用户带来独特的个性化体验，还能让戴尔公司收集到数字化的定制数据。二是因为戴尔公司建立了大规模定制生产的流程和装备。接收到个性化生产指令，自动化控制的工业机器人和智能装备使生产工厂能够很快地调整装配线，条形码扫描仪能方便地跟踪部件和产品，数字打印设备能便捷地打印和雕刻产品的个性化包装说明。

由图 4-21 可见，个性化定制的核心是对个性化需求的收集和能适应个性化需求的柔性生产制造。

图 4-21　个性化定制

在国内，电商兴起以后，用户的购买兴趣、浏览数据更加容易被收集，C2B 模式、聚定制、C2M 等模式吸引了大家的目光（关于众包众筹，将在下一节中展开阐述）。

2015 年 3 月，阿里巴巴创始人马云在汉诺威 IT 博览会（CeBIT）开幕式上做了主题演讲。他在演讲中表示："未来的世界，我们将不再由石油驱动，而是由数据驱动；生意将是 C2B 而不是 B2C，用户改变企业，而不是企业向用户出售——因为我们将有大量的数据；制造商必须个性化，否则他们将非常困难。"

广东尚品宅配被称为"C2B 商业模式的中国样本"，并被时任广东省委书记的汪洋称赞为"传统产业转型升级的典范"。凭借强大的软件技术平台，尚品宅配可以根据房屋户型，免费量身设计。尚品宅配利用 IT 技术实现了定制产品的规模化制造，通过多批次混合排产的方式提高生产效率，并实现了快速配送。

尚品宅配集团以设计思维为主导，开拓了“网络成就你我家居梦想”的服务模式，并为每个消费者提供独一无二的产品或解决方案。消费者只需要登录新居网，选出自己的房型、产品的摆放位置、产品的风格搭配，就可以找到自己满意的平面布局方案。之后，新居网会自动计算家具的件数、尺寸，同时估算出价格。而这所有的过程，消费者只需要使用鼠标即可完成。

这体现了信息化和工业化的融合：从购买意向到了解户型，到提出设计需求、完成设计方案，再到下单和生产、发货，都有全流程的信息化支撑。规模化、柔性化、个性化的生产实现了高效率和低成本，解决了大规模生产和个性化定制之间的矛盾。

尚品宅配利用虚拟体验设计和虚拟产品设计，在原料采购、加工制造之前就实现了销售定制的“先设计服务，再销售，后生产”。尚品宅配将产能提高了 10 倍，材料利用率从 85% 提升到了 93% 以上，而出错率则从 30% 下降到了 3% 以下，交货周期从 30 天缩短到了 15 天以内，实现了彻底的零库存。在整个行业陷入低迷的时期，尚品宅配实现了 60% 的年复合增长。

尚品宅配以设计为核心的创新点构成如图 4-22 所示。

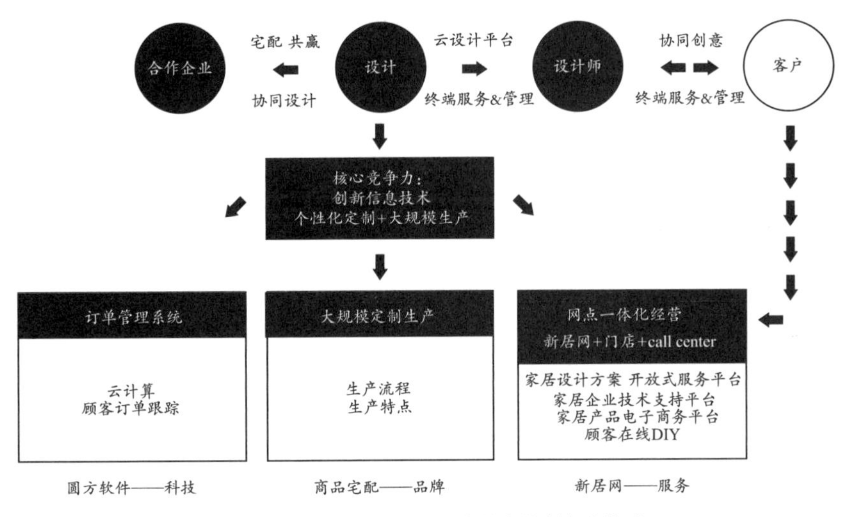

图 4-22 尚品宅配以设计为核心的创新点构成

同样，青岛红岭集团通过流程再造，也实现了个性化西服定制。“红领”创建于1995年，是一家生产经营高档男士正装，包括西装、西裤、衬衣、大衣及配套系列产品为主的专业企业。“红领”在2003年开始转型，经过十余年的技术改造和转型升级，探索出了互联网思维下的红领商业模式，创立了个性化服装定制全过程解决方案，形成了独特的智能生产，实现了大工业流水线规模化生产个性化定制产品。每天近3000套件的定制生产，让红领跨入了快速增长的快车道。

青岛红领通过对业务流程和管理流程的全面改造，建立柔性和快速响应机制以实现“产品多样化和定制化”的大规模定制生产模式，实现了订单提交、设计打样、生产制造、物流交付一体化的互联网平台，有效实现了消费者与制造商的连接，基本实现了零库存。青岛红领由纯生产型向创意服务型的转化，提高了产品附加值。

2014年5月和8月，中央电视台《新闻联播》两次报道了红领集团，它的大规模个性化定制模式历经十余年终于完成调试，迎来高速发展期：定制业务年均销售收入、利润增长均超过150%，年营收超过10亿元。而与此对应，2014年上半年33家服装行业上市公司整体营收增速为−2.6%，净利润增速为−3.6%。

另一个能够收集用户需求的模式是用户参与创新。

国内从小米公司开始，让人们认识到了用户参与创新的威力。小米公司于2010年4月创立，在同年年底推出了手机米聊社区，半年内注册用户突破300万，于是顺势推出了小米手机。2014年，小米公司销售手机6112万台，含税销售额743亿元，公司估值450亿美元，堪称中国创业的奇迹。

小米成功的最重要原因是用户至上的互联网思维，本质上是用户的参与成就了小米。小米起家于MIUI手机操作系统、米聊软件及小米论坛，凭借积累下来的几百万粉丝用户顺势推出了小米手机。小米在几乎每个环节都想方设法让用户参与其中，让用户找到存在感。在粉丝眼里，一部手机的诞生就像看着自己怀胎十月最后呱呱落地的娃娃，那种感情甚至难以用言语来表达。

互联网便于收集用户需求，能够实现个性化定制，这为设计师带来了机遇和挑战。

机遇是：

1）设计师和企业第一次能如此清楚地明白用户的喜好，从而有的放矢、目标明确地进行设计和生产，在销售前就能对产品心里有谱。

2）通过吸纳用户参与，根据用户需求实现产品设计创新的快速迭代。

3）便于建立用户圈子，用自己的设计产品占领该圈子的市场，实现设计价值的商业化。

挑战是：

1）设计师会受市场和销量的束缚，会被客户表面的需求所左右，容易产生渐进式创新，而难以产生颠覆性产品。

2）需要设计洞察和设计思考，挖掘用户隐形需求，才能产生超期望设计。

4.3.4　众筹与设计

2015 年 11 月的杭州略有寒意，而各大电商平台却纷纷亮出了“双十一”的火热销售数据。作为“双十一”网购节发起者的淘宝公司，今年交出了971 亿元人民币的亮眼业绩。在淘宝旗下的众筹平台，同样也有着不俗的表现：1 天之内，众筹的总金额从 8 亿多人民币飙升至近 10 亿人民币。

在众筹成功的榜单上，控客科技的智能微插（见图 4-23）成功获得了 21, 141, 909 元的筹款；云造科技的云马 C1（见图 4-24）在不到一个月的时间内筹款突破千万。

图 4-23　控客科技的智能微插

图 4-24　云造科技的云马 C1

这些设计精良、整合了科技与艺术的产品获得了众多消费者的青睐。互联网众筹平台搭起了设计和消费者之间的桥梁。

下面要介绍的这两家公司彻底开启了众包众创时代。

Kickstarter 于 2009 年 4 月在美国纽约成立，是一个专为具有创意方案的企业筹资的众筹网站平台。2015 年 9 月 22 日，Kickstarter 宣布重新改组为“公益公司”，创始人称不追求将公司出售或上市。

Kickstarter 网站创意来自于其中一位华裔创始人陈佩里（Perry Chen）。2002 年，他因为资金问题被迫取消了一场筹划中的，将在新奥尔良爵士音乐节上举办的音乐会。这让他非常失落，进而开始酝酿建立起一个募集资金的网站。陈佩里回忆说：“一直以来，钱就是创意事业面前的一个壁垒。我们脑海里常会忽然浮现出一些不错的创意，想看到它们能有机会实现，但除非你有个富爸爸，否则不太有机会真的去做到这点。”

Kickstarter 是一个创意方案的众筹平台。参与者将创意方案的说明（文字、图片、视频，往往制作精良的创意说明更能吸引人参与众筹）上传至平台，规定筹集目标金额和筹集期限，发起众筹。在众筹期间，为了吸引大众参与，很多项目团队会给出非常好的价格优惠或者承诺，也会给出具体的发货日期。

如果在规定的时间内募集到了不低于设定目标的资金，则创意团队可以领走资金，继续完成产品，力争在承诺的期限内把产品发送到参与者手中。如果不能募集到相应的目标金额，则众筹失败，资金也将退还给参与者。

2012 年 9 月，Pepple 团队在 Kickstarter 平台发起众筹，对象是一款黑白屏幕的智能手表（见图 4-25（a））。Pebble 的创始团队在 KickStarter 上通过一

（a）　　　　（b）

图 4-25　Pepple 一代、二代众筹产品对比

个酷炫的视频和多张精美设计图展示了 Pebble。与普通手表相比，它的最大特点是能够与 iPhone 和 Android 手机配对，显示电话、短信等信息。凭借优质的产品设计，低廉的市场价格，优秀的产品功能和令人信服的生产能力（团队曾经给黑莓手机供货），Pepple 团队一举募集了 1000 万美元，其影响力一度超过了同期正在欧洲发布的 Sony 智能手表。

2015 年 3 月，Pebble 团队发起第二次众筹，这次众筹的对象是二代彩屏智能手表（见图 4–25（b））。仅一个月时间，在 Kickstarter 的筹资总额已经达到 2030 万美元，创下 Kickstarter 成立以来的单个项目筹资速度和筹资总额两项纪录。Pebble Time 众筹额最初的目标是 50 万美元，该智能手表向最早提供资金者出售的价格是 159 美元，后来升至 179 美元。而一旦经零售商出售，零售价将上涨至 199 美元。

类似于 Kickstarter 的众筹网站还有 Indegogo 等。在 Indegogo，设计团队甚至可以不设定强制结束时间而进行无限期众筹。

国内最先推出的类似平台是点名时间。由于时机和本土化等问题，点名

图 4–26　Pay Watch

众筹对于设计而言，有着非常大的意义：

1）设计师往往有创意，而缺乏将其实现的资金，所以不得不一次又一次地以低廉的价格出售自己的创意。众筹模式帮助设计师在设计创意阶段筹备资金，让设计师可以有机会亲自将自己的设计打造成产品。

时间在运作一段时间后谋求转型。而国内两大电商巨头京东和淘宝分别开启了众筹频道，依靠其强大的在线流量，吸引了众多人的目光，成为设计师和智能产品创新创业的天堂。

在淘宝众筹平台，也曾有一款火爆全场的智能手表，它的名字叫Pay Watch（见图4-26）。该手表最大的亮点是与支付宝、YunOS深度合作，是一款“可线下支付的智能手表”。使用者可双击侧面按钮生成支付码，实现无网络刷表支付。除了拥有线下支付功能以外，它还有许许多多强大的功能：淘宝电影票、淘宝物流功能、心率监测、运动监测功能、计步功能、天气、录音、闹钟、计时器、秒表、寻找手机功能、日历提醒、信息推送（电话、短信、微信、QQ、邮箱邮件）等。Pay Watch一经上线就获得了许多众筹者的支持，最终成功募集到了1400多万元，以近1500%的目标完成度结束众筹。

2）众筹的过程，实际上是测试市场反应的过程，等同于帮助设计师和创业团队完成市场调研。如果消费者众筹踊跃，能够完成目标，说明该产品的市场潜力很大，值得大规模生产。反之，如果消费者反应冷淡，则说明该产品很可能市场前途不佳，花大量时间和金钱投产的风险很大。

3）众筹的过程，实际上是积累口碑的过程，也是用户参与的过程。很多众筹会组建粉丝群，共同讨论产品未来。这既是群体参与创新的过程，也是广告宣传的过程，相当于免费向市场进行推广。

但众筹也存在一些不利条件：

（1）生产供应链把控能力

众筹期间产品往往还未进入生产环节。有很多团队具备创意，却缺乏生产供应链的把控能力，最终造成产品达不到预期，使得用户失望，或者交货时间延长，引起用户不满。上述现象在众筹过程中是非常多见的。

（2）众筹的资金风险

为了避免上述风险，众筹平台会要求创业团队提交作品的时候要求验明身份并且提醒消费者注意众筹风险，查看创业团队的资质。而国内的众筹平台（淘宝和京东）往往是面向公司发起的众筹，相对而言公司会有较多的产品经验，从某种意义上来讲，这些更接近于预售。

同样值得关注的另一个众包平台是 Quirky 平台，尽管 Quirky 于 2015 年 9 月宣布破产，但其商业模式和发展轨迹仍然值得我们思考。

Quirky 是一个位于美国纽约的创意产品全产业链条的众包平台，并于 2009 年 3 月推出服务。Quirky 有专门的工程师队伍和生产商，可以完善创意、设计工程、生产和大批量销售，最终把创意变成成品并返还一部分销售利润给所有参与创新过程的人。这样就避免了 Kickstarter 平台上面有些团队有创意但是缺乏工程实现和生产把控能力的弱点。

Quirky 的操作流程（见图 4-27）：

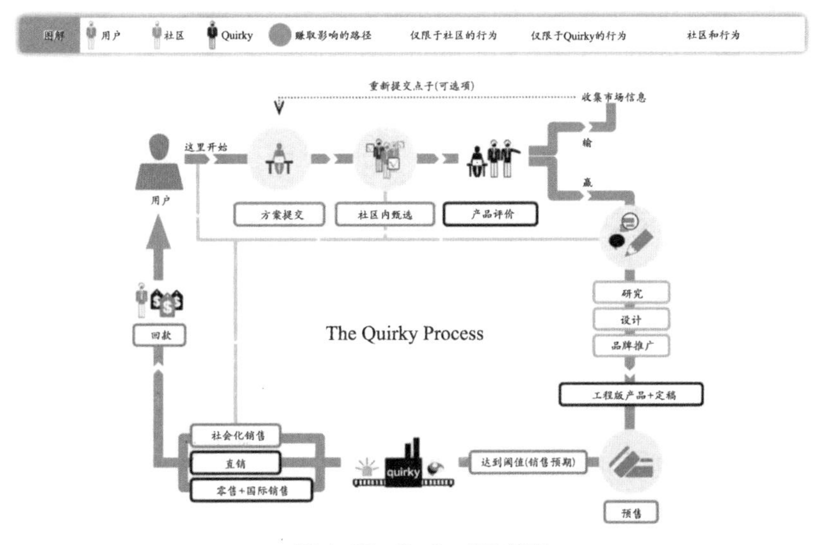

图 4-27　Quriky 操作流程

1）提交创意。利用社区化的平台，不管是专业还是非专业人士，不管来自什么职业，只要拥有创意点子，都可以提交。

2）协同创造。创意提交后，社区的会员可以对该创意再构思和再设计，包括对产品草图、色彩、造型、功能提建议，例如，画出效果图指出问题并进行改进。Quirky 的员工和高管也会评估这个创意的设计、市场价值和可操作性。若会员在此所提出的建议被采纳，最后便可以从产品的销售中获得一定的分成。

3）众包市场调研。与 Kickstarter 通过众筹和预售的方式完成市场调研不同，Quirky 通过社区会员投票的机制，选出得票率高的产品进行生产。在 Quirky 社区，只要能够获得足够多的影响因子，就可以成为“产品达人”，获得在首页位置被推荐的权利。创意者可以通过提交创意、投票、评分评论、参与预售、参与产品的设计开发与营销环节等多种方式来获得影响因子。

4）生产和销售。Quirky 有工程师队伍对创意进行工程设计，制作产品原型，最后交由工厂进行生产。产品通过自家 Quirky 网站进行在线销售，也通过与 Bed、Bath Beyond、Staples、Target 等零售商的合作进行线下出售。

5）利益返还。利润会按照一定的比例进行返还给所有对产品设计有贡献的人。Quirky 利用了游戏化的机制来评估每个成员对每个产品的贡献度。Quirky 综合考虑发明、社区参与、售前支持顾问、开发等四个方面，再结合产品的订价与销售情形，决定每个参与者最终可以领到多少钱。参与这个过程的，有可能只是一句话的点子，最后却有不菲的收益。提供创意点子的人将会成为 Quirky 的终身会员，并获得 30% 的在线销售额和 10% 的零售额。有不少 Quirky 会员一年能获得 1 万美元的收入，有一名会员甚至赚到 10 万美元以上。通过这样的机制，Quirky 创新的过程像游戏一样会让人上瘾，平台黏性非常高。

Quirky 平台的优点：

1）社区化的众创机制和利益返还机制，让社区成员的参与度非常高。

2）通过投票机制进行众包市场调研，有效地解决了创新过程中最急迫的市场调研问题。

3）通过专业化的团队解决了生产供应链的问题，将创意、产生和销售比较完善地串联起来。

Quirky 平台的问题也引发思考：

1）投票机制的真实性问题。社区投票的仍然是社区的成员，能否代表市场上真实的消费群体还有待考量。从这个意义上讲，也许类似 Kickstarter 的众筹和预售机制更加接近市场的真实反应。

2）产品的持续更新和营销能力问题，这可能是 Quirky 破产的重要原因之一。Quirky 从最初每年开发个位数的产品，到后期每年几十款产品投产，投放入市场的产品量已经足够大，然而产品热度却不见增长。如果产品能够根据用户的反应持续更新改进，能够持续风靡市场，恐怕只需要几款产品即能带来客观的收益。以苹果公司为例，仅 iPhone 产品的持续更新即可带来丰厚的收益。

因此，无论是 Quirky 平台还是 Kickstarter 平台，在国内都需要本土化，在模式和机制上进行持续的微创新。

国内太火鸟的模式类似于 Quirky，专注于前期的项目筛选和后期的营销推广，对于选中的项目给予资金支持，但缺少了中间的工程化和生产环节。模式大概为“精细化的项目筛选+投资+市场推广”，是一种比较轻量级的模式。

4.3.5　移动互联网与设计

随着智能手机的普及，一波移动互联网的新浪潮在兴起。各种 O2O 的电商服务、LBS 的社交、搜索地图、移动支付、手机游戏等 App 应用构成了 PC 端所不可取代的优势。移动互联网开始渗透到我们的衣食住行的方方面面，并占据着我们生活中几乎全部的碎片化时间。现在移动互联网最强大的社交应用微信几乎是人手必备的通信应用，而我们发微信的速度是以分秒为计数单位的……随着移动互联网的不断发展，越来越多的人机智能穿戴设备成为我们进入互联网的入口，我们无时不刻不在与网络连接着，移动互联网已然成为我们生活的一部分。

而移动互联网之所以能成为一个时代的里程碑式标签，并不是因为它创造了更多的信息，而是它改变了人和信息的接触方式，也因此引起了整个社会生活方式的改变和整个产业商业模式的改变。

鉴于这种新型的交互方式产生了更多的碎片化交互时间，移动互联网的设计更多地关注着用户和体验。如图 4-28 所示，移动互联网有四大特点：用户主导是核心，产品为王是基石，体验至上是关键，口碑传播定成败。以社交类应用为例，从最早的 QQ 空间到博客、微博、微信，我们可以看到社交应用从使用场景到使用时间的变化。早期 QQ 空间和博客一类还是以长文本、多图片、背景音乐等丰富的内容为主的兴趣和强联系的社交网络。而微博流行的大多数内容已经演变为短文本和图片社交，并且相当一部分内容是通过转发和评论来传播的。到了微信时代，社交变得更加即时化，它整合了短信、飞信等的即时通信功能，并且可以以语音和小视频的方式来发送信息。

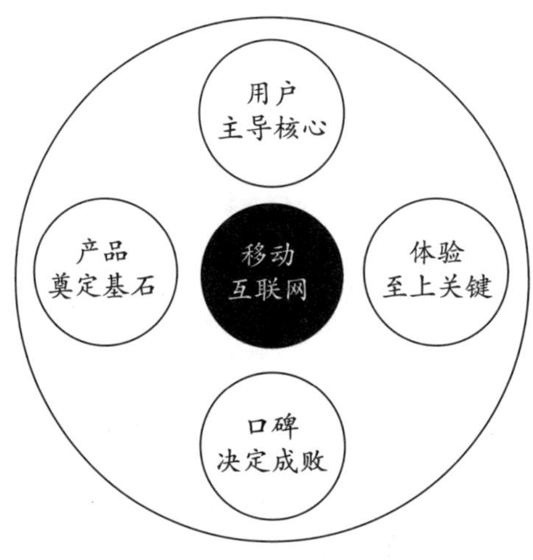

图 4-28　移动互联网的核心

如今，越来越多的社交软件兴起，这也印证了移动互联网的实质就是社交。随着移动终端的普及，电影院不仅仅是单纯的看电影的场所，而是一个社交化的场景，人们可以随时交流电影中有趣的桥段；打车也不仅仅能够方便出行，也给了司机和乘客两个生活在不同社交圈的人一次交流的机会；移动支付也突破了传统金融的定义，我们可以对好友进行收款，陌生人可以进行面对面付款，也可以在交易时将对方加为好友方便沟通交流。新的用户需求推动移动互联网的商业模式发生着迅速的变化，这种前所未有的场景化创新模式也创造了巨大的商业契机。

4.3.6　总　结

设计与互联网的结合有五种方式：一是利用网上渠道，将设计作品直接与消费者打通；二是利用 C2B 模式，将消费者的需求与个性化定制相结合；三是利用众包、众筹的模式，既能募集资金，又能提前获取用户口碑等市场反馈信息；四是利用社区化平台，进行网上创意迸发，协调设计、销售等环节；五是“互联网＋”及移动互联网时代，各种设计创意层出不穷，各种商业模式不断出现，线上与线下互动，为创新设计提供了更广阔的空间。

电子商务与创新设计结合的模式使得电商发展迅猛，淘宝和天猫等电商平台的交易额很快将超过沃尔玛等传统销售平台。C2B 模式最大的潜力所在正是其利用了网络化大数据。这种模式下，可以技术聚定制，也可以进行个性化的定制，催生出一批设计师的独立品牌。

企业通过 C2B 模式可以提升自身的利润和价值，满足客户的需求。作为个人，尤其是设计师，在电子商务时代也有着非常不错的前景。一些设计师往往在平时的工作中无法投入全部的激情和精力，但在闲暇之余的不经意间却能创造出许多惹人喜爱的“小玩意”，这些产品和小玩意很难从其他渠道获得，逐渐形成了一种非常强烈的需求。一些独立的设计师则刚好抓住了这个机遇，顺势推出自己的品牌和网店，不仅销售了自己品牌下的产品，而且推销了设计师本人。

商业创新使得传统 6+1 的产业链条将会产生变化。以前的产品设计依附于制造和营销，而在互联网、电子商务、O2O 这样的模式下，产品设计可以和市场营销直接结合起来，设计也将由原来的从属地位过渡到引领地位。设计与互联网产业链如图 4–29 所示。

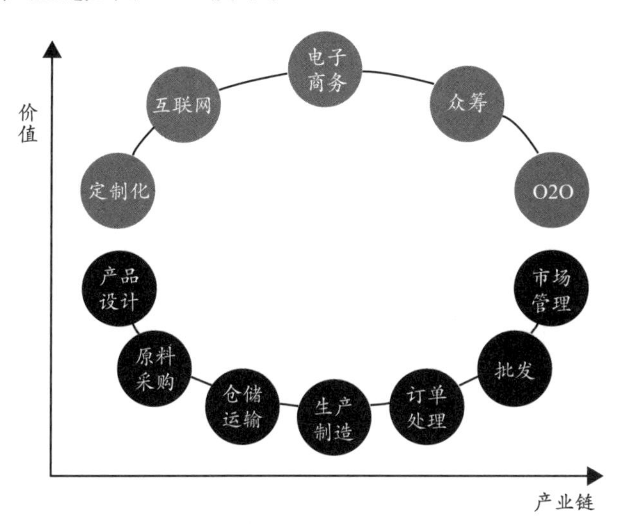

图 4–29 设计与互联网产业链

4.4 智能设计

人工智能正在一点一点地改变人们的生活，例如无人驾驶、智能机器人等领域，已经有较为成熟的产品面市，因而很多大卡车司机担心自己即将失业（无人驾驶最可能替代的行业）。随着智能设计概念的兴起，很多设计师也开始担心自己会不会失业。

但“幸运”的是，设计恰恰是最复杂、最不可琢磨的活动。造型设计成什么好看，未来什么东西会受欢迎，设计成什么样子看起来“美”，这里面不确定的因素很多，且会随着时间而变化，所以设计的智能化也许还有很长的路要走。智能设计的发展，取决于人们对设计本质的理解，需要对设计创新过程、设计思维特征及其方法学深入研究，而当前这些研究还有待深入。

4.4.1 计算机美术

智能设计可以追溯到计算机美术时代。顾名思义，计算机美术是一门计算机技术和美术相结合的学科，它利用计算机作工具，按照美学原理，以图像和图形的形式进行信息交流和升华，创造新的艺术形式。随着人工智能的发展，计算机不仅仅是创作者表达自己想法、进行美术创作的工具，也成为了有一定“智力”，能协同创作的平台。

潘云鹤院士是中国智能计算机辅助设计（CAD）以及计算机美术领域的开拓者之一，曾研制出中国第一个智能 CAD 系统“智能模拟彩色图案创作系统”。其中，“装潢图案创作智能 CAD 系统”的研究获国家科技进步二等奖。潘云鹤院士于 1983 年在《计算机美术图案创作和 P-filling 算法》一文中，叙述了一个应用人工智能思想建立美术图案自动设计系统的尝试，该系统能迅速、大量地为纺织品、纸张、塑料、建筑装饰等提供花型，并能通过学习，不断丰富系统自身的美术知识。人类设计师可以从这名助手处获取许多想象不到的图案，而它也能向人类不断学习新的美术知识，提高自身的创作才能。

计算机美术将图案生成、色彩搭配结合在一起，与人工绘制图案相比，虽然缺少了一些个性化特征，但更加规整，在实际应用中（如纺织图案等）效率更高。如图 4-30 所示的图案是刘肖健在《创意之代码：感性图像》一书中提到的一个案例，通过对单个花瓣元素进行放大、缩小、平移、旋转等操作，配以色彩的改变，将其组合为一种纹样，应用在扇面上。

图 4-30　计算机生成的图案

4.4.2　计算机辅助工业设计与概念设计

随着计算机图形技术的发展，辅助进行工业设计的 CAD 软件逐渐得到应用。利用三维设计软件，例如 Rhino、Catia、3DMAX 等，可以将设计师的效果图进行更好的表达，比起手工绘制，设计作品的呈现更加栩栩如生（见图 4-31）；利用平面设计软件，例如 PS、AI、SKETCH 等，可以进行图形编辑和加工处理，帮助设计师更高效率地实现平面创作。

图 4-31　室内设计领域手绘效果图与计算机辅助设计图对比

计算机辅助设计本质上是方便设计表达。相对于原来的手工绘制，计算机辅助设计能使设计过程更准确、更快速，设计作品的呈现也更加生动形象。但设计当中最重要的是新的概念、新的创意的迸发，然后才是把这些创意思考表现出来。创意思考是根源，表达只是形式。显然，计算机辅助设计仅仅是优化了表达，并没有参与到创意思考当中。

针对上述情况，有许多专家提出了计算机辅助概念设计，试图在创意思考阶段给予设计师帮助。但概念设计是一个相当复杂的过程，设计师是如何洞察需求的，又是如何把需求转化为创新方案的呢？许多人都在探索这些问题的答案，但就目前而言，计算机辅助概念设计还未开发出完善的软件和工具。

目前计算机辅助概念设计（CACD）的研究内容主要有以下三方面：设计思维与概念设计的理论研究、概念设计求解方法的研究和计算机辅助概念设计（CACD）系统的研制。图 4–32 为浙江大学现代工业设计研究所孙守迁教授团队提出的研究框架。从图中可以看出，计算机辅助概念设计试图提供一些工具，在市场调研、形态、色彩、人机等方面对设计思考和设计创意给予支撑。

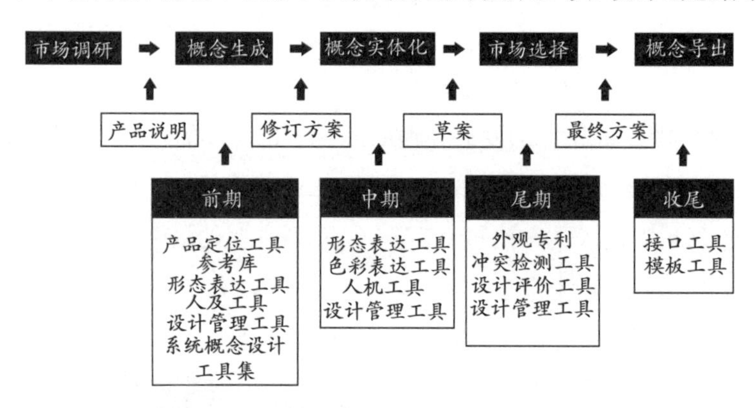

图 4–32 计算机辅助工业设计与概念设计系统框架

设计经过设计师的大脑加工，能产生令人拍案叫绝的设计方案。这个过程如此复杂，计算机一下子还不能完全替代。但让计算机根据某些条件，生成一些方案，供设计师参考；或者在计算机生成方案的过程中，让设计师参与“指导”（交互式进化设计），最终来辅助设计师进行创新。

在产品设计领域，常见的有通过组件思想，把一个产品拆分成很多部分，根据一定的算法对组件进行变形、进化，然后通过交叉组合等产生更多的产品设计方案。

浙江工业大学刘肖健、浙江大学柴春雷等人开发了交互式进化设计系统。该系统在参数化建模软件的基础上，结合遗传算法，通过改变产品的参数可以自动生成多种产品方案，供设计师参考。在这个过程中，设计师可以对方案进行交互控制。

4.4.3　设计的智能化探究

下面是一个瓶子的交互式进化生成过程。设计师首先在软件中构建了一个简单水瓶外形（见图 4–33），并定义水瓶瓶身高度与瓶口直径为可变变量（见图 4–33），这些可变量用于方案的大批量生成（依据遗传算法）。如图 4–34 所示，定义初始种群（第一批瓶子方案）的特征参数（瓶身高度和瓶口直径），种群大小（每一次迭代生成的方案个数）定义为 20。然后利用遗传算法进行方案的交叉变异，生成新的方案，如图 4–35（a）所示。另外，在遗传算法方案生成中，由于参数变化后，新的参数可能不符合三维形态的要求，因此可以看出新生成的方案可能不足 20 个。另外，在方案生成中，可以对方案进行批量的颜色改变，以观察不同的配色效果，如图 4–35（b）所示。

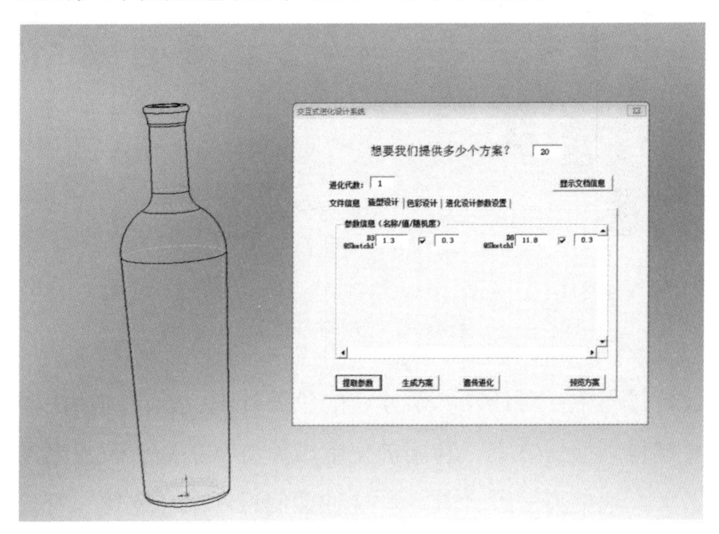

图 4–33　水瓶外形草图

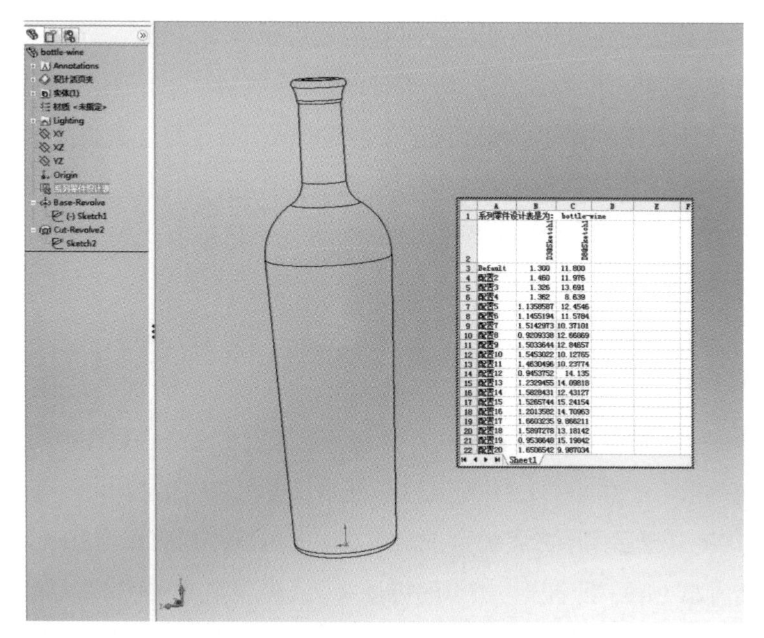

图 4-34　定义初始方案的特征参数

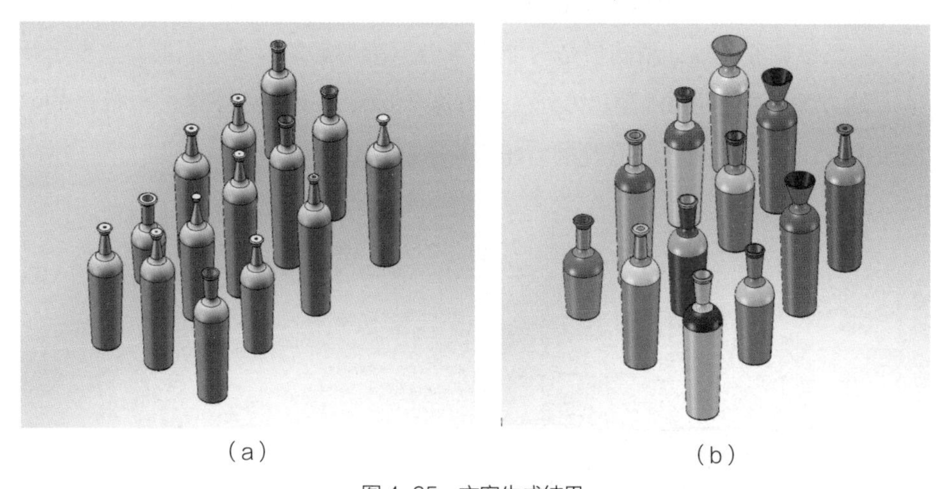

（a）　　　　　　　　　　　　（b）

图 4-35　方案生成结果

实际设计过程中，对产品的尺寸、配色等外观，设计师往往需要进行不断的尝试才能得到最佳方案，利用进化生成算法将手动更改数据的工作让计算机完成，大大地提高了设计效率。这种案例近年来在建筑、灯具等的设计上越来越常见。

传统的遗传算法存在不足，例如一些艺术设计、知识学习等模糊系统优化问题难以用明确的函数表示，从而影响收敛全局最优解。针对这些缺陷，一些专家学者提出了交互式遗传算法的概念。它的主要优势在于，考虑到了融入用户评价这一产品设计的指标，更加适合于隐形目标决策问题，如个性化系统领域中的服装设计、情感图像检索等。在遗传进化过程中，除了传统遗传，用户可以依据自己的认知偏好进行评价产品新种群，寻求到最优个体。交互遗传算法流程如图 4–36 所示。

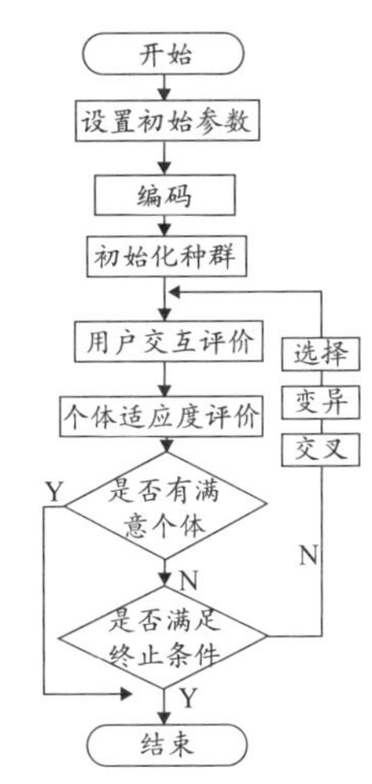

图 4–36　交互遗传算法流程

浙江大学柴春雷团队在感性工学方法的基础上，采用交互式生成算法进行智能辅助设计。下面是一个结合用户意象的智能手表造型设计进化生成。

1）通过前期准备工作，提取了手表造型的四个形态要素（表盘、表带、表钮、连接）和相对应的形态特征（例如表盘的形态特征有：圆的、方的、多边的等）。

2）根据 1）中不同元素的组合提取出若干个外形方案，得到初始化种群（初识方案）。

3）建立感性语义量表，让用户对这些方案进行评分（见图 4–37）。

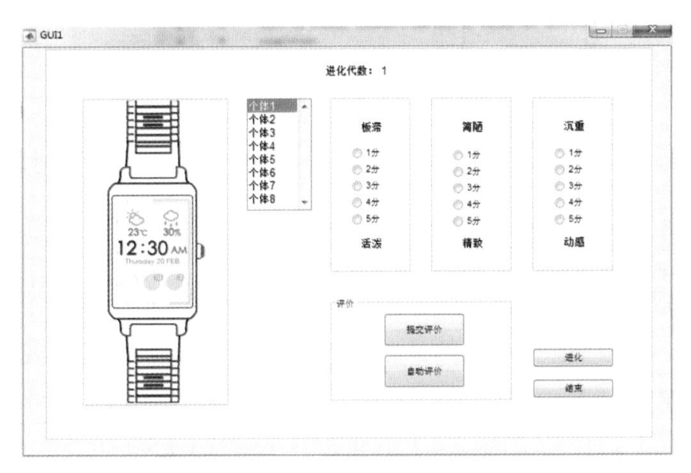

图 4–37　手表造型要素特征及用户评价

4）通过遗传算法（交叉、变异）由初始化种群得到新一代种群。

5）用户对新生成的方案进行感性评价，作为个体的适应度进行衡量，因此，用户评价越高的个体，所携带的特征更有可能在下一次进化设计过程被保留下来。

6）重复用户评价与子代个体迭代的过程，在这个过程中，用户偏好被不断挖掘出来，直到出现满意的个体。图 4–38 是根据交互式生成系统以及感性评价结果而产生的手表方案。

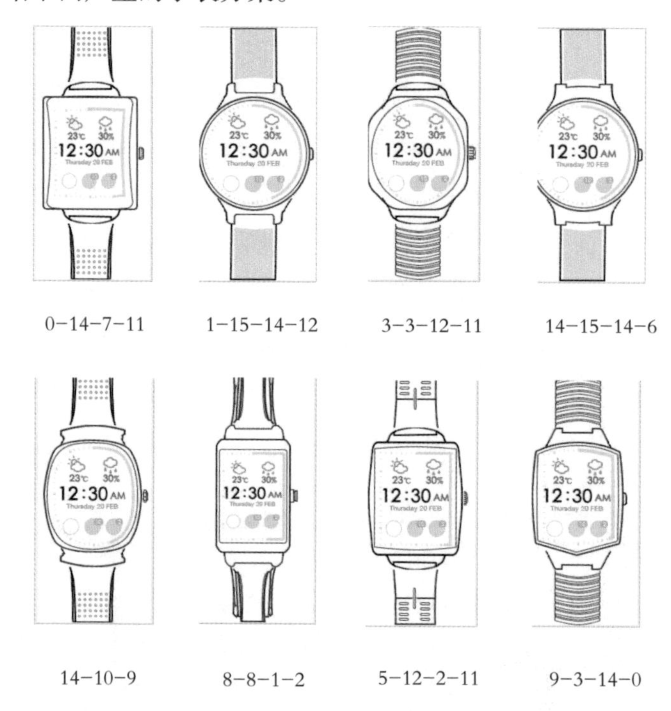

图 4–38　根据交互式生成系统和感性评价结果生成的手表方案（表下编码为形态要素编码）

4.4.4　平面设计的智能化探究

前面提到的智能辅助设计方法，是计算机在已有规则的基础上进行运算而生成的方案。由于受限于固定的“规则”，这种方式生成的方案一般是标准的、确定的，可扩展程度和智能化程度不高。也因此，人工智能在 20 世纪 90 年代后一直没有大的突破。而随着大数据和新的人工智能算法的进步，可以先不设计规则，而是用大量的数据去训练计算机，让计算机自己搞清楚内部的一些规律，这带动了新一轮人工智能的发展，也给智能设计带来了新的思路。

以生成对抗网络（GAN）为例，自 2014 年诞生至今，短短 4 年多时间，GAN 在 AI 界越来越炙手可热。2016 年 6 月，论文“Generative Adversarial Text to Image Synthesis”（《GANs 文字到图像的合成》）介绍了如何通过 GANs 进行从文字到图像的转化。比如，神经网络输入“粉色花瓣的花”，输出结果就会是一个包含了这些要素的图像。这和设计中感性工学所要追求的目标有点类似。感性工学想达到的目标是，用户需要什么样的产品，感性工学系统就给出相应的产品方案。

下面是一个 GAN 生成算法跟设计结合的例子。如图 4-39 所示，（a）为训练时输入（input）的草图；（b）为深度学习的目标（target）效果图，即告诉计算机，要构建从草图到效果的智能生成体系；（c）为计算机学习后（经过多次的学习迭代）所输出（output）的结果，可以看到与实物图（target）的效果非常接近了。通过让计算机深度学习几千个案例（input 草图，target 效果图），达到输入的一张简单线稿草图，无需实物图，就可直接生成产品效果图。

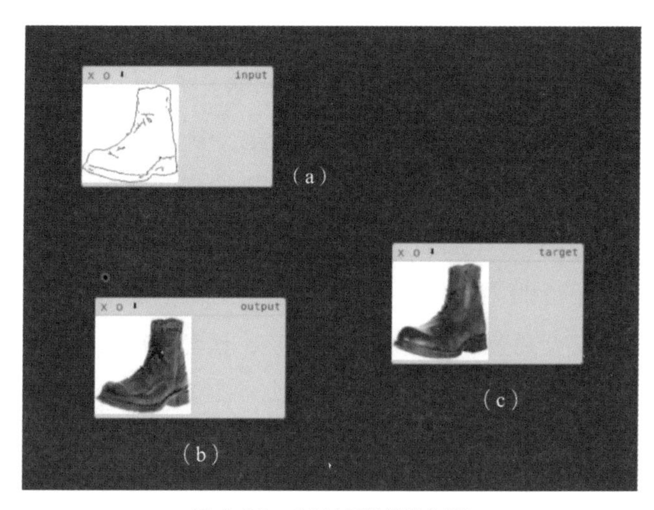

图 4-39　GAN 系统训练过程

图 4-39 是 GAN 系统训练完成后所能达到的效果。图 4-40（a）是输入鞋

子的轮廓，即线框草图；4-40（b）为计算机 GAN 系统自动生成的效果图。这在产品造型设计领域上将会是一个重大的突破。传统的产品外观设计，需要先画简要的草图，根据草图不断迭代，等草图基本成熟后，通过计算机建模、渲染等最终生成模拟实物的效果图。这一过程需要耗费大量时间。设想如果有一个紧急设计任务，需要设计师在短时间内从一张白纸生成几张符合设计要求的产品效果图，设计师可能就算熬夜加班，也不一定能保证保质保量地完成任务。利用这个系统，设计师只要做好画黑白线稿的事，以及最后的筛选校对，其余的事交给计算机就能很快完成，这显然极大地提高了设计的效率。

另外，这种方法，你只需要勾勒一个草图，计算机会自动填充颜色、图案等，这可以在产品风格、材质、色彩等方面给设计师带来一定的启发，作为进一步创新设计的基础。当然，局限性在于只能根据草图来填充，交互手段单一，生成的效果图单一。由此可见，未来在这方面，类似系统还有巨大的改进空间。

总的来看，在计算机领域，思考的是怎么样让系统生成越来越精准，就像上面的 GAN 算法，尽可能地让生成的效果图能够拟合计算机输入过的图片。但在设计领域，强调的是发散，强调方案的不确定性（创新性），希望能有更多的方案（当然最好是跟原来方案有明显差异的方案）生成，这显然是一个待解决的难点。

智能设计中的另一个难点是对于美的判断，比如设计方案的判断筛选，是个难题，因为对于美的判断没有统一的标准。但淘宝团队利用海量的数据，让计算机学习广告图片的规律，搭建了鲁班系统，效果不错。

2016 年双十一期间，淘宝网有 1.7 亿张海报（banner）（2017 年数据为 4.1 亿），都来自阿里巴巴的“鲁班”AI 设计系统。鲁班系统是阿里智能设计实验室开发出的一套结合商业和技术的智能系统，这套系统能根据用户的行为和偏好智能生成并投放广告，不但生产效率高，而且会根据主题和消费者特征予以个性化呈现。鲁班系统设计的 banner 如图 4-41 所示。

鲁班系统的大致思路是这样的：第一步，将设计数据化，让计算机理解 banner 的设计是如何构成的：对原始文件中的图层做分类，对元素做人工标注，比如“主体”“文字组合”等。设计专家团队也会提炼设计手法和风格，通过数据告诉计算机这些元素为什么可以放在一起。第二步，建立元素中心：当计算机学习到设计框架后，需要大量的生产资料。这时候就需要人工建立元素库。第三步，机器学习，训练模型。在强化学习的过程中，机器参考原始样本，通过不断尝试，得到一些反馈，然后从中学习到什么样的设计是对的、好的。第四步，生成设计结果并评估：选取大量机器设计的成品，从“美学”和“商业”两个方面进行评估。美学上的评估由人来进行，这方面有专业众包公司；商业上的评估就是看投放出去的点击率、浏览量，等等。

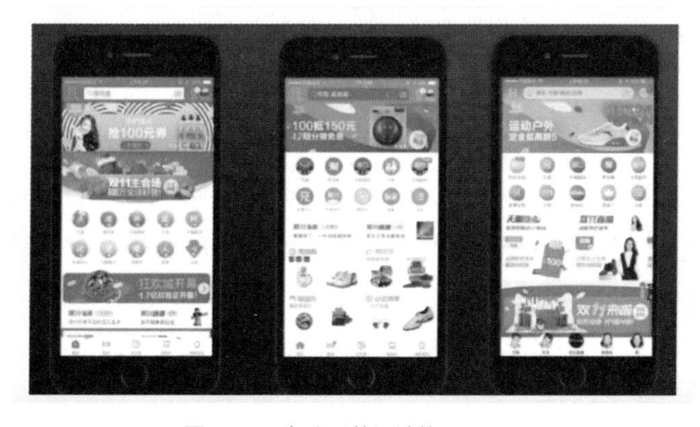

图 4-41　鲁班系统设计的 banner

再勤劳的设计师，也没法用一秒钟完成 20 个广告素材的设计，但鲁班系统能做到。毫无疑问，这样的设计机器在大型电商活动中，担当了提升设计师效率的助理的角色。节省人力的同时，用机器生成亿级设计，从而带来商业效果提升，是非常成功的应用实践。阿里 AI 设计项目的负责人也表示，“鲁班”的最大优势是，在商业和技术两方面结合得比较好，在技术深度方面，它有门槛很高的一套系统；商业方面，它的确能通过“智能化”和“个性化”，实现商业价值最大化，颠覆传统方式。

有人说，鲁班系统的诞生使得视觉设计师的地位岌岌可危，智能设计的发展最终会导致设计师的集体失业。是否真的如此呢？至少目前看来，设计师仍然是机器所无法取代的。其一是因为，设计师需要学习这套系统，学习如何训练机器，同时在美学方面做把控，所以不是失业，只是做的事改变了。其二，也是最重要的一点，鲁班现在最大的局限在于应用领域，在电商这样一个非创意主导的领域里，机器确实可以协助处理许多重复性的设计工作，符合美学原理等要求也不在话下，但是设计最值钱的是创意，有的领域的设计也恰恰是依赖于创意。目前的机器能力，怎么能在这一方面与人脑相比呢？因此，创意型设计师，不仅不会失业，而且可能会提升自身的存在价值。

4.4.5 智能设计的局限与发展趋势

可以肯定的是，智能设计或设计智能将为设计师提供更多的帮助，比如在设计素材和设计方案启发方面，可以减轻设计师的负担，甚至部分替代设计师的工作。但由于设计本身的复杂性和不确定性（创新和创意很难预估），智能设计要达到与人媲美的阶段，还有很长的路要走。

目前的“智能”设计仅仅是在设计的外围做辅助，核心的设计思维部分远远没有解读，组件思想（先拆分后重组）是不符合设计思维习惯的。未来，智能设计理想的发展方向应该是为了提供更系统的思路，从整体上考虑设计，模拟甚至去超越设计师思维。

当前的智能设计技术，包括上面提到的遗传算法、深度学习等，应用领域主要局限于二维，或者说在二维领域的发展更为成熟，在三维空间领域的发展空间仍然很大。未来的智能设计如果能拓宽到三维领域，带给设计师的实际作用与效益将会有质的飞跃。

未来的智能设计还应加强人（包括设计师、用户等）与系统之间的交互性，使得人在设计过程中能对计算机进行的交互更多，计算机能做出相应的回应，人机协同推进设计过程。

审美判断、趋势预测，这些设计中的难题，有可能随着数据积累日渐丰富和算法不断进步而被智能设计所解决，智能设计在渐进式创新方面大有用武之地。但创意迸发及突破性创新，将是智能设计需要突破的难题。到目前为止，关于设计思维和概念创新，尚有许多未解的东西。

人机融合是设计智能发挥作用的一个重要途径，即设计智能为设计师提供素材和草案，设计师进行甄别判断，决定设计方向，共同完成设计目标。

随着近年来人们在这个领域不断开拓，智能设计技术不断演进，应用更加广泛，进入创新的活跃期。但同时它的发展依然存在局限，未来的开拓空间与潜力是巨大的。

4.5　设计的其他关注点

4.5.1　设计的新模式

设计发展到当下，设计的内容和范畴远不再跟以前一样，出现了以商业创新为突破口的各种新模式。打破了传统的设计公司以做设计服务为主体的业务后，设计师和设计公司们纷纷寻求更大的市场，找寻自己的商业模式，进一步扩大了这个行业的纬度。下面介绍的一些案例就是关于这些设计公司的商业新模式。除了前面提到的设计跟互联网、跟在线电商结合的模式之外，还有其他值得关注的模式。

阿乐乐可设计公司是一个年轻的国际品牌，由毕业于荷兰代尔夫特理工大学的工业设计师们创立。它的总部位于荷兰，在美国和中国成立了分公司。该公司的魔方插座（见图 4-42）获得过 2014 年德国红点奖，在得奖后创始人就打算把这个产品开发出来。于是，他辛苦找工厂进行生产，寻找渠道进行销售。就这样，魔方插座从最初的概念设计，转变为用户可使用的商品，这是由设计引领的商业模式的新探索。

阿乐乐可公司拓展了产品的销售渠道，跟大型超市合作，获得了不菲的销售收入。接着，阿乐乐可公司依靠自己的生产供应链管理和销售渠道优势，搭建了线上平台，希望寻找优异的设计产品，进行产品化，从而扩充自己的销售产品线。与其他设计公司仅提供设计服务不同，阿乐乐可打造了“设计＋生产＋销售”的模式，扩充了设计服务的链条，成功从设计公司转化为设计商业公司。

图 4-42　魔方插座

杭州博乐设计原本是一家依靠设计服务，通过设计甲方要求的产品来运作的公司。博乐设计公司采用了三种设计与商业结合的模式，为公司获得了不同的盈利。第一种依靠纯设计服务模式；第二种将设计和制造生产结合起来，比如不但做终端门店的展示设计，还生产供应展具；而第三种则是与合作企业（利用对方的制造优势或者渠道等资源优势），共同打造产品品牌。如博乐先后合作运营了橙舍、“69”等自营品牌，自行设计产品，打通供应链，自己销售。

4.5.2　设计的新方向

4.5.2.1　工业设计与工程设计的融合

一开始，设计和制造业是紧密联系的，设计是为制造业服务的。后来，随着信息技术的发展，设计方向得以拓展，交互设计、体验设计、服务设计受到更多关注。未来，随着技术平台化，工业设计和工程设计逐步融合，装备制造业等工程设计领域将成为设计的新机遇。

2015 年开始，每年中国兵器工业集团公司都会主办未来坦克设计创意大赛。这也是一种众包模式的尝试。通过搭建平台，把民间智慧引入到兵器工业的探索、研发领域。参赛的设计作品通过工程研发人员的筛选，考量可行性后，提取新颖的概念，经过改良纳入真正的兵器工业生产中。2015 年未来坦克设计创意大赛参赛作品如图 4–43 所示。

高铁设计也是设计与工程结合的一个重要应用领域。我国的高铁目前是世界上最快的高铁，曾跑出过每小时 486.1 千米的试验速度。而在未来，除了更高速以外，高铁的发展还会有其他目标和可能性。对中国来说，未来高铁不仅仅是一条线路或是一趟列车，更是一个以高铁为核心的交通体系。虽然各个国家轨距不同，但可变轨距列车的设计依然能实现跨国联运。未来高铁不仅联系城市之间、大洲之间，甚至城市内部每栋高楼大厦之间，也会通过高速列车连通起来。未来的我们，或许能通过“袖珍高铁”（见图 4–44），在写字楼的不同楼层穿梭。而要实现这些，离不开工程技术的支撑，也离不

图 4–43　2015 年未来坦克设计创意大赛参赛作品

图 4–44　央视《走遍中国》系列片《了不起的高铁》中对未来袖珍高铁的畅想

开设计领域的创意。

4.5.2.2 虚拟设计

新技术近年来一直落后于一些伟大的设计，但现在技术比以往任何时候都处于发展前列。2017 年，虚拟现实技术发展呈现出了一种理性的状态，各个领域对虚拟现实的研究以及人们对它的看法都在沉淀，未来发展前景也被更多的人看好。我们面对的虚拟技术已经不仅仅是一个有趣的概念了，它也可以用于商业目的。而从设计角度来看最需要思考的就是，如何将这项技术应用于更多的设计领域，最大限度地挖掘不同可能性，从而为人类带来革命性改变。

例如，虚拟技术可用于建筑行业。虚拟现实在建筑上可以实施视觉模拟，如实现建筑物、室内设计、城市景观、施工过程、物理环境、防灾和历史性建筑模拟等。利用 AR 技术，建筑设计师的办公空间成为连接世界任何地方的渠道，总部在纽约的一家公司可能进入约翰内斯堡的空间。沉浸式的交互使得设计师恍如置身于真实的建筑里（见图 4-45）。除了创意设计，新技术也能支持质控和安全。技术人员通过实时图像进行审查，在项目的所有

图 4-45　虚拟技术使参观者身临其境
（图片来源：https://www.milrose.com/insights/virtual-and-augmented-reality-the-future-for-construction-and-design）

阶段分析，更容易捕获错误。依靠物理空间的准确定位获得的数据，显然比寻找建筑图纸和手动记录的测量结果来得准确可靠。

鉴于人类迄今为止没有使用这些工具创造出惊人的成果，我们期待着这一领域能迎来令人兴奋的未来。而在其他领域，例如军事、工业仿真、考古、医学、文化教育、农业和计算机技术等，虚拟设计改变了传统的人机交换模式。这些都等待着人们进行进一步的深入探索。

4.5.2.3　智能产品和系统设计

“智能”这个词似乎已经被用烂了，任何具有计算机能力的东西都能被称为“智能”。智能产品发展初期，我们希望它们能简化我们的思考动手过程，简化生活；然后，我们希望它们能提高生活工作效率，提升生活水平；而现在，AI、机器人和物联网的进步正在重塑我们所处的时间和空间。在所谓智能产品“泛滥”的时代，正是我们应当重新思考智能设计的时候。

未来的智能产品，应该是预测人类行为，以更好地服务用户的。它能解放我们的时间和空间，以投入到更有意义的生命体验中。再进一步讲，它应该是能改变人类对自我的认知的，让人们意识到，原来我们还可以这样生活。

例如自动驾驶技术普及后，人的重要性大大降低，人车之间的交互方式也会随之改变，娱乐方式也会有更多选择。例如，在 2017 美国 CES（国际消费类电子产品展览会）上宝马带来的概念车（见图 4–46），传达出将出行居家化的理念，车身的造型及配色设计家居化，车地板上呈放着一叠书籍。在自动驾驶普及之后，车辆与车辆之间的高度互联使得交通事故比例降到零，在不用考虑安全的前提下，宝马所设想的在车上进行看书等娱乐的场景是完全有可能实现的。

图 4–46　宝马在 2017 美国 CES 上带来的概念车

4.5.2.4 健康设计

人类的健康也能被设计吗？我们无法给出直接的答案，但可以肯定的是，在未来，越来越多的设计师将会参与到医疗健康领域，运用全面、丰富的设计方法，提出道德的、可持续的解决方案，来帮助应对健康、卫生方面的紧迫挑战。解决方案不仅仅包括参与设计医疗方面的产品，也包括环境、服务、通信或工具等要素。

目前，我们都知道医疗系统面临大量挑战，但设计在这个领域中的作用，还在不断丰富化。比如，使用设计方法可以发现患者的隐形需求，继而寻求解决方法；使用设计方法加强患者与医护人员之间的沟通；通过设计符合临床医生需求的界面和交互式体验，来实现跨组织和个人的数字交付；通过设计方法为医生提供工具，包括通信设计、视觉工具、检查表和服务等；慢性疾病的管理需要设计支持性工具和设备，以提供适合多元化人群的包容性更强的解决方案……

在健康设计领域，国外目前已经有不少成功案例。比如澳大利亚开发了个人家用宫颈涂片检测试剂盒 SoloPap（见图 4-47）。女性用户可以在自己家中舒适地使用以鉴别 HPV（人乳头瘤病毒），无须再上门去医院进行麻烦而尴尬的检测。

图 4-47 SoloPap 个人家用宫颈涂片检测试剂盒
（图片来源：https://vimeo.com/146831099）

4.5.3 设计道德与设计信仰

设计道德和设计信仰在今天提及有其重要意义。设计道德就是综合考虑人、机、环境协调发展。设计信仰就是勇于创新、做真正让用户满意的好产品、优质产品。

当前，我们国家面临转型升级的压力，即从原来低端模仿到自主创新转型。前美国总统奥巴马曾说，“中国搭了 30 年便车。”模仿再创新是后发达国家向前发展时经常使用的方式，德国、日本也曾经走过类似的道路。

德国是后起的资本主义国家，19 世纪 30 年代才开始工业革命，较邻国法国晚了 30 年。由于世界市场几乎被列强瓜分完毕，追求强国梦的德国人在列强挤压下，不断仿造英、法、美等国的产品，廉价销售冲击市场，由此遭到了工业强国的唾弃。1876 年费城世博会上，“德国制造”被评为“价廉质低”的代表。1887 年，英国议会通过新《商标法》条款，要求所有进口商品都必须标明原产地，以此将劣质的德国货与优质的英国货区分开来。

从那时起，德国人清醒过来：占领全球市场靠的不是产品的廉价，而是产品的质量。于是紧紧抓住国家统一和第二次工业革命的战略机遇，改革创新，锐意进取，通过对传统产业的技术改造和对产品质量的严格把关，大力发展钢铁、化工、机械、电气等制造业和实体经济，催生了西门子、克虏伯、大众等一批全球知名企业，并推动德国在一战前跃居世界工业强国之列。

二战后初期“便宜无好货”是日本产品的代称，而今天，“日本设计”却是精致、功能性好、有特色的代名词。

当今中国，许多国人对国外产品争先恐后，从奶粉、尿不湿、大米到电饭煲、智能马桶盖，再到 LV 等奢侈品，中国在世界留下了慷慨消费的美名，刺激了他国的消费业、零售业、旅游业。而反观国内，消费不振，尤其是中高端产品消费不振，最大的原因是缺乏中高端产品。另一个是消费者对国产产品信心缺失，还有同等的价位也许能在国外买到更好的产品（该产品也可能是国外品牌），再加上海淘的兴起，国人购买国外产品越来越方便，国内产品可能更容易受到忽视。由于上述因素，短期内中国制造业和实体经济正面临着巨大的冲击。

但另一方面，也充分说明我们有消费的欲望和需求，如果我们的制造能够迎头赶上，还是有很大的想象空间和进步空间的。同时，根据德国、日本的产业发展进程看，我国的产业也必然向优秀设计、优异品质方向发展，这无疑给设计带来了巨大的机遇。

如何能够赶上？如何能与国外产品一决高下？要考虑以下几个方面：

一是优秀的设计。通过设计创新引领产品和服务走向中高端。

二是优秀的制造。通过工匠精神打造优质的产品和服务。

三是优秀的品牌能力。需要打造品牌，吸引国内用户，并逐步参与国际竞争。

设计师除了要坚守设计信仰外，还应当坚守设计道德。然而，设计作为技术的实现手段，正处于恶性循环之中。

一方面，许多设计手段破坏了地球的生态环境，每一种新产品诞生的同时，就需要有更多的技术与发明来解决这种新产品所带来的负面效应。比如当前手机类的电子产品，更新换代如此之快，产生了很多电子垃圾，也造成了巨大的浪费。如果想从根本上解决这个问题，我们很难给出答案。但可以肯定的是，不管通过什么方式去改造自然，首先要改变“人”自身的观念，即引发人们对设计伦理问题进行反思。

设计师应该考量“如何通过设计，促进人们做出有益环境的行为”，也就是说，除了让产品变“绿”以外，也应该要让使用者变“绿”。未来的设计要考虑绿色、可持续理念，这是设计伦理和设计道德的要求。绿色设计的核心是“3R”思想，即Reduce（减少浪费）、Recycle（回收利用）、Reuse（物尽其用），不仅要求减少物质和能源的消耗，减少有害物质的排放，而且要使产品及零部件能够方便地分类回收并再生循环或重新利用。

另一方面，在当下浮躁的社会氛围中，越来越多“废物”被设计和生产出来，有的设计师无条件迎合公司要求，而不顾产品给社会造成的危害。当设计师还在为了解决自身温饱问题而进行设计时，道德标尺变得可有可无。好在，当前越来越多的人开始重视设计，设计师的地位在不断提高。作为一个有责任感的社会人，每一位设计师应该保持内心的“天真”，坚守道德底线，用心设计能对社会带来价值的好产品。

第5章

设计的未来

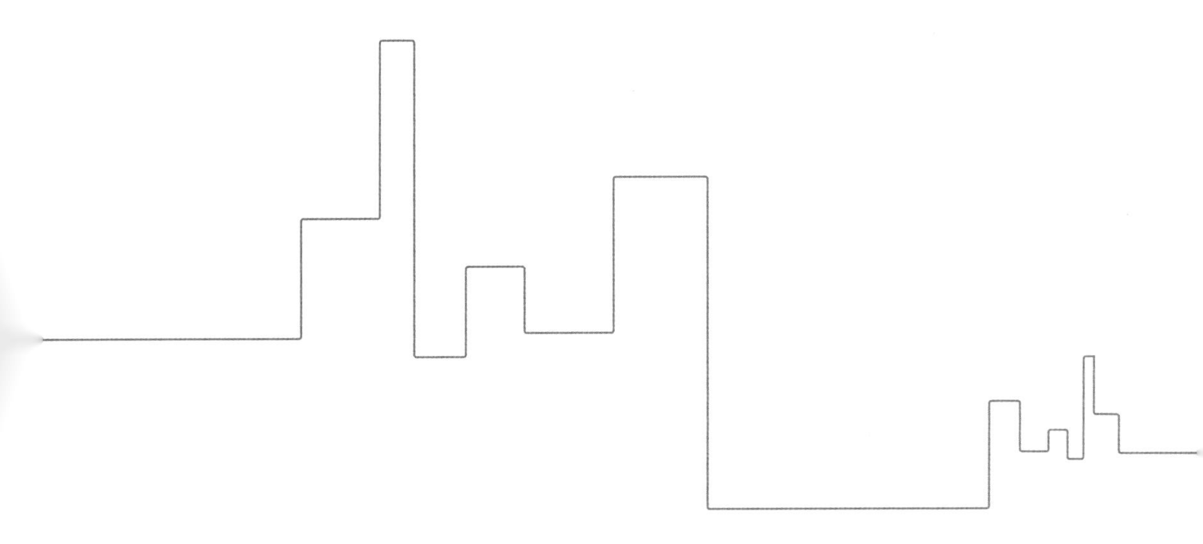

5.1　设计要素的未来发展变革

我们将设计的要素分为技术、艺术、文化、商业和人本，进而逐一分析其未来趋势（见表 5-1）。

表 5-1　设计要素的未来发展趋势

	当前至2025年	2025年至更长一段时间
技术创新设计	互联网、移动互联网、云计算、可穿戴、企业3D打印、手势控制、大数据、自动驾驶车辆与创新设计的结合	增强现实、消费者3D打印、移动机器人、移动健康、自然语言问答等技术与创新设计的结合； 脑机接口、情感计算、生物芯片、先进材料、智能技术、可再生能源与创新设计
艺术创新设计	艺术作为产品功能和理念的完美表达，在产品不同生命周期发挥着重要作用，促进了中国好设计、中国好品牌的出现	艺术创新设计在公共领域、在社会领域居重要地位；艺术创新设计和文化进一步融合，成为产品精神层面的特质； 艺术创新成为传播产品文化内涵、产品理念的语义表达
文化创新设计	文化在设计的重要性方面得到认可，文化元素专业数据库建立，有文化内涵的产品涌现； 文化与设计进一步结合，文化创新设计给人们的精神生活带来愉悦感。文化形成产品特质，文化品牌企业涌现	文化与产品结合，形成产品文化符号和品牌，并向世界传播；文化承载设计伦理和道德，承载设计社会意义，共筑和谐协调设计
用户创新设计	被动调研用户需求，分析少数调研对象。用户参与创新设计，聚定制。大数据，分析用户无意识留下的海量数据	信息物理融合，用户和设计师在整个创新流程中全面对接，用户即设计者，用户即设计伦理承载者
商业创新设计	商业设计成为设计公司的一个关注焦点。商业创新成为设计的重要组成部分，设计学院中大量关注商业模块	随着大数据发展，信息透明，商业复杂度降低，可利用数据信息促使商业模式量增长，商业发展在信息化时代变得民主化，设计价值、伦理、设计道德成为商业创新设计的重要出发点

5.1.1　技术在设计中的价值展望

每一项技术的进步，都为设计带来新的应用领域，带来新的机遇。在一项技术诞生的初期，应用价值尚未开发，产业化较为缓慢；而当设计与技术相结合，打通从技术到产业的鸿沟，就会引发技术顿悟，带来颠覆性的创新。后期随着技术的成熟与普及，同质化竞争加剧，技术对创新设计的作用逐步下降。技术被商品化后，企业之间的竞争由技术竞争转化为设计竞争。相应地，技术不再是创新设计中的主导角色，对创新设计的总体贡献度呈逐步下降趋势，而人本、文化等其他要素的作用则逐步上升。

在不远的将来，3D 打印、大数据、自动驾驶、增强现实、移动机器人、脑机接口、情感计算、生物芯片、先进材料、智能技术、可再生能源、自然语言问答等技术将不断成熟，这些技术将和设计融合，拓展出新的产业应用。

5.1.2　艺术在设计中的价值展望

艺术曾经在设计中占据核心地位，人们一提到设计，首先想到的就是漂亮、美观的东西。看当今国内外，很多设计专业和艺术院校天然地联系在一起。而到了今天，人们认识到设计需要关注更多的要素，例如技术、工程、体验、服务等，甚至有一种将艺术地位降低扩大化的倾向。然而，未来随着人们艺术素养的提升，对于设计道德和伦理的关注，艺术在设计中的作用还会逐步上升，如图 5-1 所示。

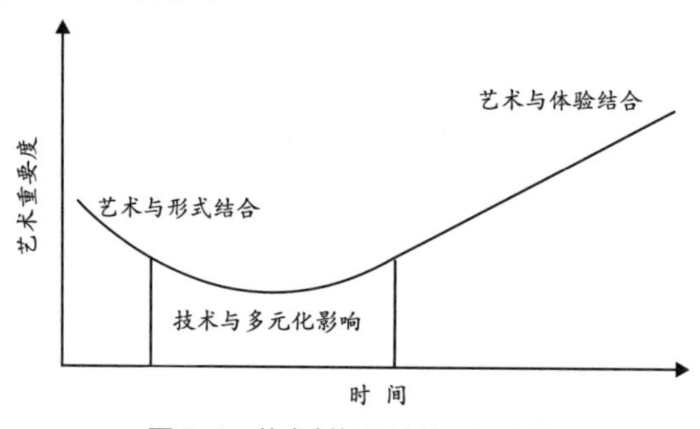

图 5-1　艺术创新设计的重要度曲线

艺术作为产品功能和理念的完美表达，在产品不同生命周期发挥重要作用，促进中国好设计、中国好品牌的出现。艺术创新成为传播产品文化内涵、产品理念的语义表达。

5.1.3 人本在设计中的价值展望

人本是创新设计的核心。人本不仅是以人为中心，而且是人机环境的和谐协调。在知识网络时代，人们越来越关注体验，设计也需要挖掘人们的潜在需求，人本在设计中的地位越来越重要。

由于大数据等新技术手段的应用，设计需求的获取方式将发生改变，设计需求从人工调研进化为基于大数据的分析。人工调研只能了解部分人的市场需求，然后通过大规模生产来满足这部分人的需求；而通过大数据分析，能精确掌握个体用户的需求，再通过个性化定制的方式来实现，如图 5-2 所示。

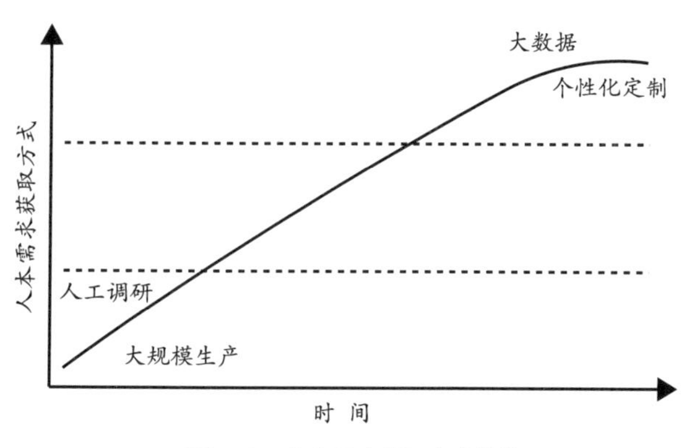

图 5-2 人本需求获取方式曲线

可以做如下推断：

1）从被动的人工调研，到用户参与创新设计、C2B 聚定制等主动方式，再到对用户无意识留下的海量数据进行大数据分析，用户需求的获取变得越来越精准。

2）在将来，用户和设计师在整个创新流程中全面对接，用户即设计者，用户即设计伦理承载者。

5.1.4 文化在设计中的价值展望

文化分为三个层次，第一层次为有形的、物质的，第二层次为使用行为的、仪式习俗的，第三层次为意识形态的、精神层面的。应用到创新设计中，分别对应了文化视觉元素的应用、产品特质的形成和产品品牌竞争，如图 5–3 所示。

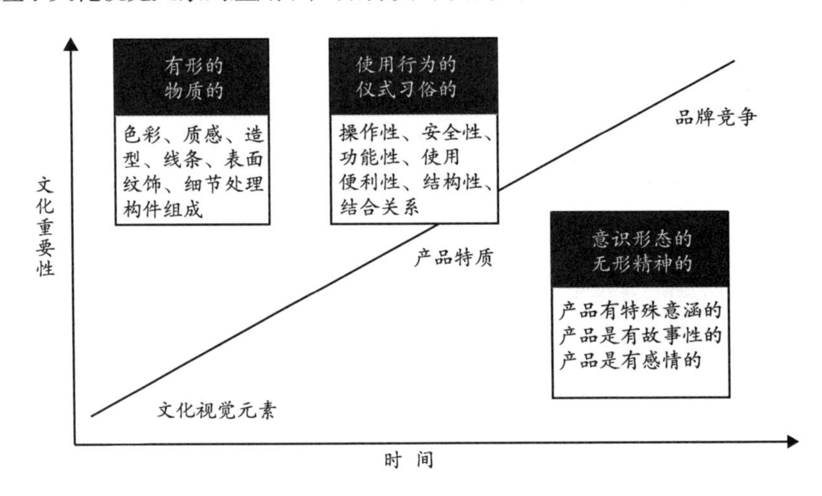

图 5–3　文化重要度曲线

文化在创新设计中的作用越来越大，国外许多知名品牌背后也都有文化要素的支撑。目前大多数关于文化与设计的研究和应用，基本上锁定在第一层次，即将文化视觉元素（文化符号）加以归纳，应用到设计作品中。未来我们需要逐步将文化上升到品牌竞争的层面。

展望文化与设计，可以有以下几个阶段：

1）文化在设计中的重要性得到认可，文化元素专业数据库建立，有文化内涵的产品涌现。

2）文化与设计进一步结合，给人们的精神生活带来愉悦感，从第一层次逐步向第二、第三层次演化。形成具备文化特质的产品，文化品牌企业涌现，并向世界传播。

3）文化与产品结合，形成产品文化符号和品牌，文化承载设计伦理和道德，承载设计社会意义，共筑和谐协调设计。

5.1.5　商业在设计中的价值展望

商业是实现设计价值的终极体现，在设计中的地位越来越重要。将设计作品变为市场上受欢迎的商品，需要进行商业化，而商业一直是一个复杂的决策系统。未来，随着大数据的应用，信息会更加透明、可靠，人们在进行商业决策时，能够得到更多的数据支撑。因此，商业复杂度会降低。但同时，由于各种商业要素信息都能及时汇集和掌握，进行商业模式创新的可能性会增加，商业重要性上升，如图 5-4 所示。

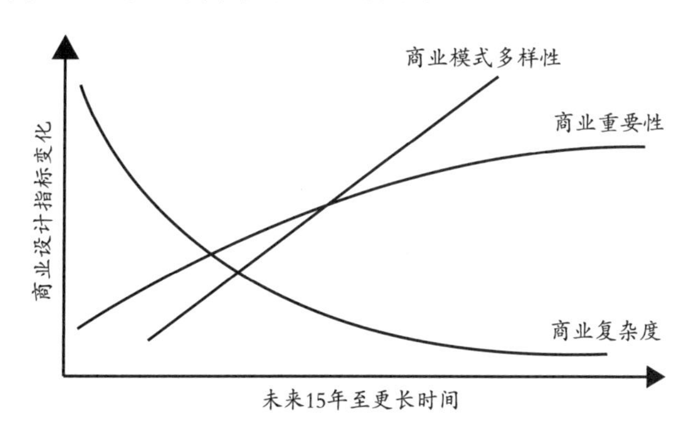

图 5-4 商业复杂度曲线

可以做如下预见：

1）商业设计成为设计公司的一个关注焦点。商业创新成为设计的重要组成部分，设计学院中大量关注商业模块。

2）随着大数据的发展，信息透明，商业复杂度降低，可利用数据信息促进商业模式增长，商业发展在信息化时代变得民主化。

3）除了赚取商业利益外，设计价值、伦理、设计道德成为商业创新设计的重要出发点。

5.2 设计趋势之理念与方法

设计的发展如此之快，我们有必要对设计的未来进行展望。结合科技的发展及设计未来可能的走向，做如下预测与探讨（见表 5-1）。

表 5-1 设计未来预测与探讨

		当前至2025年	2025至更长一段时间
创新设计的理念与方法	理念	以“人”为中心：满足消费者的欲望和需求，实现设计利益最大化。互联网、商业与设计结合；以人为中心的设计向人机环境协调过度	强调绿色设计、可持续设计，可再生材料的应用；化石能源向可再生能源结构转变。“有序”设计：根据社会环境资源来进行“有序”设计
	设计工具	计算机辅助工业设计、结构模具设计、大规模生产、大规模定制 3D打印成为重要的日常辅助工具，材料可选范围大，虚拟设计开始应用，交互与增强现实成为关注设计工具的技术焦点；大规模定制和个性化定制	人机交互工具、设计辅助工具大大发展，设计师的沉浸感增强，创新空间增强；和谐自然的交互工具，“所思即所得的设计”
创新设计的理念与方法	设计模式	专业设计师模式为主，开源设计、众包设计兴起；开源设计和众包设计逐渐成熟，“业余”（草根）设计成为重要力量	设计民主化、工具化；设计教育和理念普及，人人成为设计师
	设计目的	对于以产品和体验为导向的设计，以设计出优异的产品和体验为目标；对于以服务为导向的设计，目的是让产品和体验成为系统设计的一部分	面向问题的，解决老龄化、环境可持续等问题，解决国民经济中的重要问题，促进社会和谐与进步

当然，由于时间跨度很大，且科技的发展日新月异，对于未来的展望偏差肯定存在，但这并不妨碍我们对未来的设计趋势做探讨，思考设计应该往哪个方向走，未来的设计有哪些价值可以深入挖掘，有哪些设计研究可能会成为热点。因此，本部分希望深入分析这些问题，供更多的专家学者一起讨论研究。

首先探讨设计理念与方法部分。

5.2.1 设计理念

早期的设计以机械为中心，要求人去适应机器，这样的产品只有通过选拔和训练的人才能使用。此期间的研究成果促进了人机工程学学科的形成。

最早进行人和机器匹配问题研究的学者是泰勒，他进行了著名的“铁锹实验”（见图 5-5），铲不同的东西拿不同的锹，人尽其才，物尽其用，从而提高了生产效率。

图 5-5　泰勒的著名的“铁锹试验”

包豪斯年代，提出了设计的三个原则，设计的目的是为了人而不是产品。科学技术的发展，使机器的性能、结构越来越复杂，人与机器的信息交换量也越来越大，单靠人去适应机器已很难达到目的。

第二次世界大战期间，一些国家特别是英国和美国，大力发展各种效能高、威力大的新式武器装备。由于片面地注重功能和技术研究，忽视了人的因素，忽视了对使用者操作能力的研究和训练，因而由于操作失误而导致失败的案例比比皆是。以飞机为例，座舱及仪表的显示位置设计不当，由此经常造成驾驶员读仪表或操作错误，进而发生事故。由于操作复杂、不灵活和不符合人的生理尺寸而造成武器命中率低等现象也经常发生。据统计，美国在第二次世界大战中 80% 的飞机事故是由于人机工程方面的原因造成的。失败的教训引起了决策者和设计者的高度重视。

早期的飞机操作台（见图 5-6）界面往往比较复杂，不仅需要很高的学习成本，而且还容易造成很多误操作。由于驾驶舱的每个仪表都只能提供一条信息，数十个仪表、百余个电门遍布于上下左右，整个操作台拥挤杂乱如同迷宫一样。

图 5-6 早期的飞机操作台

20 世纪 70 年代末期人们才开始寻找新的化繁为简的方法，到了 20 世纪 90 年代人们开始注重人机以及环境的交互设计，如何确保人在进程中以最舒适的状态进行操纵，如何利用机器最大限度地确保操作人员安全，等等。

重视工业与工程设计中“人的因素”，力求使机器适应于人。研究趋势也开始转向，将“人—机—环境系统”作为一个统一的整体。

著名的认知心理学家、工业设计家唐纳德·诺曼（Donald Norman）早在 21 世纪就提出过人本设计的思想，也是我们常说的以用户为中心的设计，从字面上来理解就是从人的需求出发，设计出一切满足用户的产品，倡导产品设计和开发应当优先满足用户的需求和期望。这就要求设计师利用同理心深刻地理解用户、准确地把握用户的需求，并且清晰地表达出来。以用户为中心的设计框架如图 5-7 所示。

Don Norman 在 2005 年提出，“人为中心的设计可能是有害的”，一反常态地对人本设计提出了质疑，然而随着时代的发展，这种批判性的思想也引

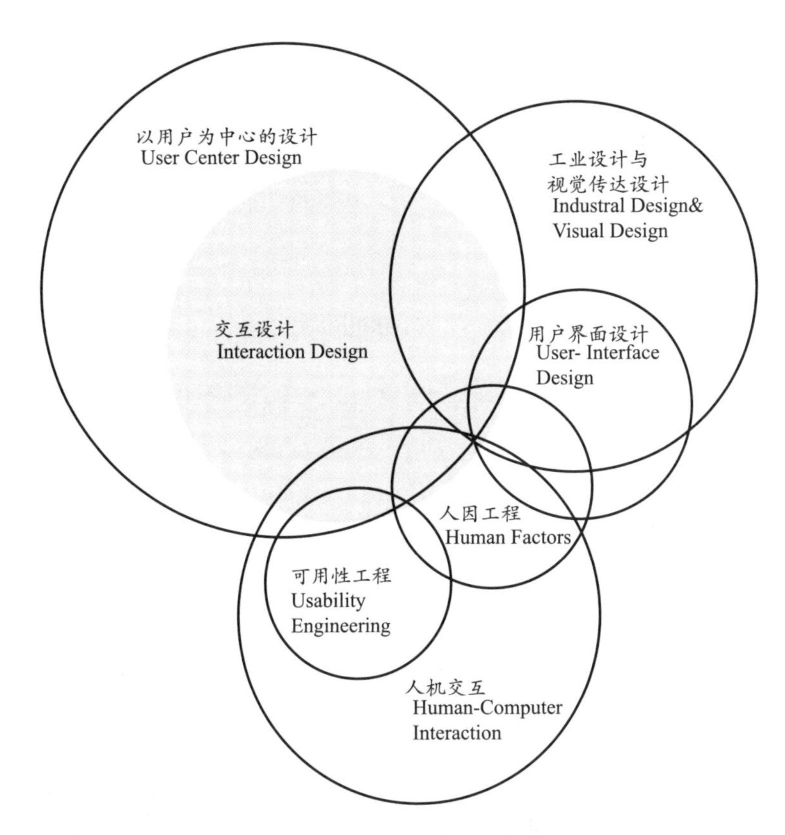

图 5-7　以用户为中心的设计框架

发了我们的思考，当我们一味地以用户为中心设计时，把人的需求放在了至高无上的地位，却忽略了很多其他事物，比如人从来都不是单独存在于这个世界上的，而是和环境、事件、活动等有机结合的，这意味着过去单纯的人本设计可能是以牺牲环境为代价的。过度倾听用户的想法常常会迷失产品本身的方向，比如苹果虽然有着大量忠实的果粉，在每出一款新的手机时，果粉们内心总是希望能够获得惊喜。这种追求新奇体验的想法并没有错，但苹果公司往往并没有在产品线上做出过于大胆的创新和改变，每每会受到不少用户的抱怨，但完整的产品 DNA 线，循序渐进式地进行产品创新的推动并没有使苹果掉粉。苹果手机时间线如图 5-8 所示。

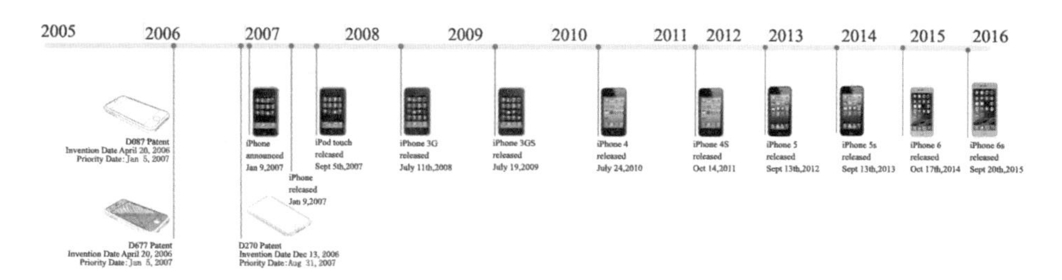

图 5-8　苹果手机时间线

我们认为未来 10 年到 20 年，随着自然资源的逐步匮乏，人们对可持续发展的认识提高到前所未有的高度，人们在设计产品的时候会更加强调绿色设计、可持续设计，强调可再生材料的应用，强调人、机、环境的协调。未来的设计理念，将从以人为中心重新回归到以人机环境协调为原则。

比如现在的手机产品更新换代非常快，以苹果手机为例，大约每隔一年都有新款产品出现，由此引发无数苹果粉丝的追逐。手机市场竞争残酷，不断推陈出新吸引消费者无可厚非。但也要看到，在电子消费品领域，过快地更新产品，会催生大量的电子垃圾（见图 5-9），将给环境带来巨大危害。

图 5-9　电子垃圾

因此，绿色设计、可持续设计等将成为未来设计关注的重要方向，可再生材料、可再生能源的利用将受到设计师的关注。设计师必须保持用户体验、商业目标与生态环境之间的平衡。越来越多的设计风格和设计主义兴起，在未来，可能会有以转化为中心的设计、以活动为中心的设计、以社会为中心的设计、以生态为中心的设计，等等。总之，我们最终追求的一定是设计与人、环境、事件之间的和谐有序共存状态。

2025 年至更长一段时间，随着人们生活水平的提高，环保意识的增强，"有序"设计（有计划的设计）理念将深入人心。人们将降低对物质的无限制过度索取，转而更加关注可持续和可再生理念。因此，整个社会将根据现有的可持续资源利用情况、环境承载程度来进行"有序"设计。

5.2.2　设计的趋势之设计工具

设计师给人的感觉总是有些神秘，部分的原因是设计灵感的产生难以琢磨。在进行设计之前，设计师需要花费大量时间进行用户需求调研，进行市场分析，同时还需要看很多相关资料，这些东西将成为激发设计灵感的源泉。

当我们看到一件件令人惊叹的设计作品时，除了惊叹设计师天才的创意灵感外，也应该看到在此背后设计师惊人的素材积累。我们不禁在想，有没有更好的办法帮助设计师创新？有没有办法让不可捉摸的创新过程有规律可循？有没有办法开发出辅助设计师创新的工具？

我们知道，设计师最初是靠手绘能力来呈现草图、效果图甚至工程图的。因此，对二三十年前的设计师而言，手绘能力的要求比今天要高得多。在计算机辅助设计工具诞生了之后，设计师有了更好的工具表达自己的方案。做平面设计时可以用 Adobe Photoshop 和 Adobe Illustrator，做造型设计时可以用犀牛、3D Max、Solidworks、CATIA 等，做结构设计时可以用 Pro/E、UG（Unigraphics NX）。相比于手绘效果，这些计算机辅助设计软件能够更加清晰、准确地进行设计表达，并且可以和后期的输出端（打印机）和生产环节进行无缝对接。这大大地解放了设计师的双手，设计师可以把更多的精力花在前期的设计调研、设计思维、设计创意上，然后用这些计算机辅助工具进行设计表达。

但现在的设计工具仅仅是辅助设计师进行设计表达的工具，即将设计师头脑里面已有的创意记录表达下来，尚不能在创意阶段进行真正的辅助。如果把设计阶段划分为调研、概念设计、详细设计、工程设计和生产，当前的设计辅助工具主要是应用在详细设计阶段。在概念设计阶段如何辅助设计师创新，国内外已经有了较长时间的研究，但尚未有实用性的工具被开发出来。

鉴于当前科技的飞速发展和设计研究的不断进步，我们完全可以畅想10年后或者二三十年后的某一天，设计师脑袋里想到什么，马上就由计算机辅助进行呈现和再深入，完全不需要现在这冗长的草图和效果图表达，设计师可以和计算机、数字化产品进行自然和谐的交互，相互配合，创造出令人拍案叫绝的作品。有点科幻？也许有一点。在这个过程当中，计算机不能完全替代设计师的天才思考，但它可以最大限度地辅助设计师进行创新，人机融合也许是不错的创新方式。

我们认为在未来，下面的一些方向可能会对设计辅助工具的进一步研发带来启发。

1）交互式进化设计方法。计算机辅助概念设计和智能设计的研究已经进行了许多年，当前交互式进化设计方法，正在得到越来越多的人的关注。什么叫交互式进化设计方法？就是人和计算机相互配合，设计师指出想要的设计方向，计算机配合往这个方向进行。基于进化设计算法，在基本设计部件库的基础上，可以进化出许多不同的设计方案。设计师可以在这些方案中选出有价值的方案或者方向，由计算机重新进行设计。这些方案可能不会直接成为最终提交的设计方案，但却能促进设计师的思考。该方法在第四章智能设计中已经有阐述，这里不再赘述。

2）设计思维和创新方法的研究。研究人员在关注创新背后的东西，逐步揭示创新背后的原因。比如，新手和专家在思维阶段有哪些不同？有人做了研究，发现复制思维较常出现在新手中，专家组极少出现复制思维。过多复制思维的出现说明思维的进展受到限制，不连贯，然而这并不是不合理的现象，复制思维的出现说明在图解思考的过程中，需要有一定的思维上的过渡，如图 5-10 所示。

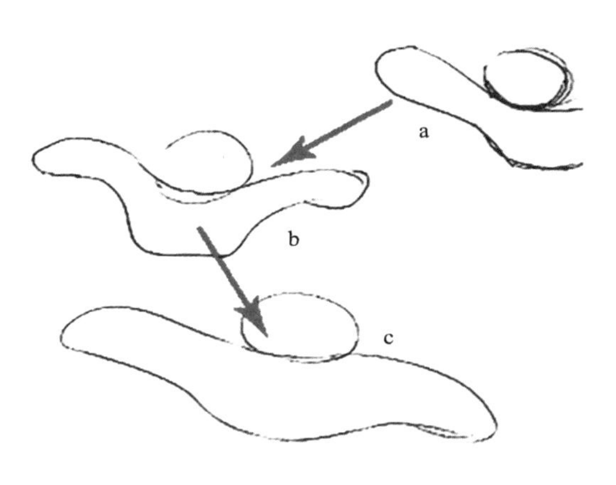

图 5-10　思维过渡示例

类似的设计思维研究非常多。比如，有专家研究，当设计师在进行思考时，看产品图片得到的灵感刺激和看产品实物得到的灵感刺激有什么不同？还有的专家学者在研究创意拐点理论。例如，如图 5-11 所示，草图设计过程即可抽象成一个创意拐点图，还可以通过计算机辅助草图设计软件来帮助设计师完成整个思想设计过程。灵感产生后，设计师迅速用草图进行表达并在表达过程中不断观察调整。从灵感迸发到阶段性草图方案的完成，就可以看作一个草图设计中的创意单元（见图 5-12）；而创意单元中的第一个草图行为，就是草图表达过程中的创意拐点。

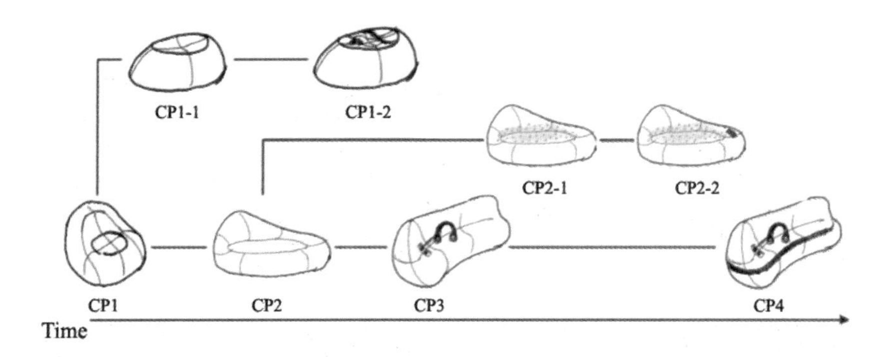

图 5-11　草图中的创意拐点

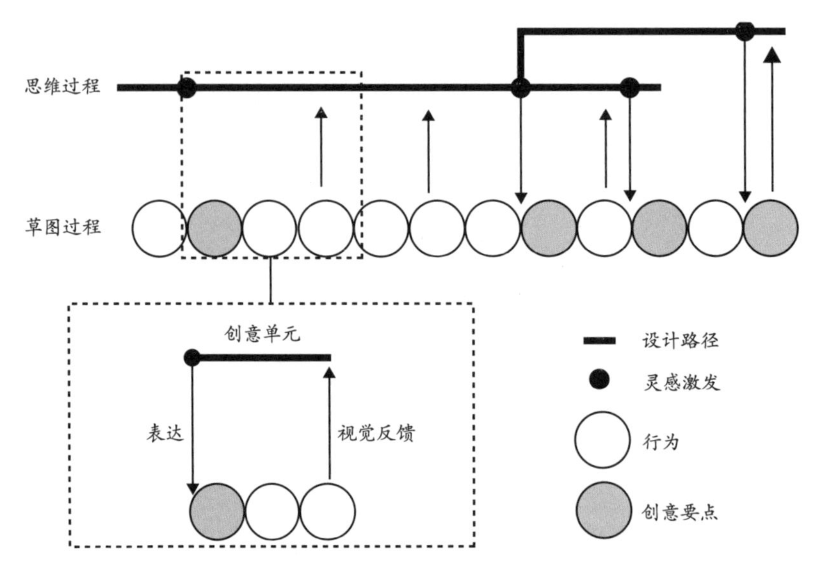

图 5-12　草图设计过程中的创意单元

这些研究使我们对未来设计工具充满了希望，我们完全有理由相信，未来的设计创新将在创意阶段得到更多的帮助，有更多方法支撑概念设计过程。

3）大数据的支撑。在未来，将有更多的设计资源数据和设计工具供设计师利用。以作者参与的创新设计知识库建设项目为例，通过构建文化构成知识库、技术构成知识库、人本构成知识库等内容，利用这些知识库和辅助工具，帮助设计师简化设计工作。假如设计师想设计带有某种民族风格的产品，可以直接从文化数据库中提取文化元素进行自动匹配，如图 5-13 所示。

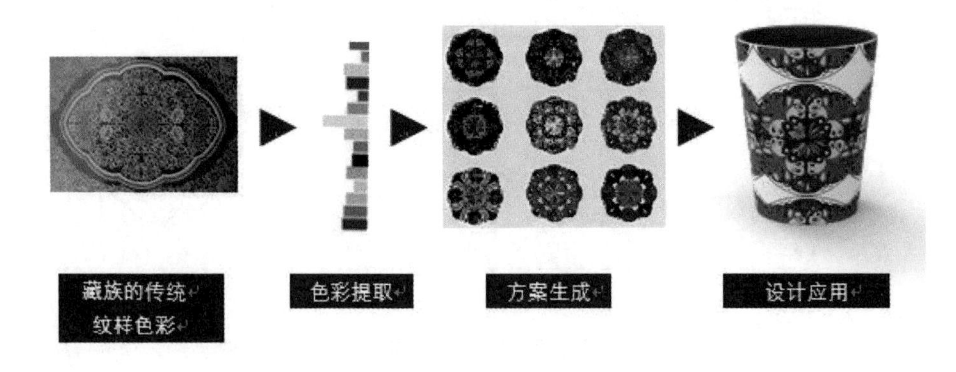

图 5-13　大数据支撑的设计过程

同样，设计师也可以利用设计数据库及设计工具自动生成一些方案，辅助进行创意思考。如图 5-14 所示，可以利用数据库当中的剪纸元素，通过简单的拼接、缩放等功能，进行一些设计方案的交互式生成，组成左边的剪纸方案。

图 5-14　剪纸元素

我们有理由相信，这些工作将为设计师带来极大的便利。

4）虚拟设计。虚拟设计由来已久，且随着虚拟现实和增强现实技术的发展，取得了长足的进步。

来自福特公司的虚拟现实（visual reality，VR）技术（见图 5-15），可以使新车设计的时间缩短 6~14 个月。设计师只需要戴上特定的 3D 眼镜坐在“车里”，就能实现“操控汽车”的感觉，电脑能模拟来往车流、行人，还能变化各种中控台的风格，让他们感受到不同的样式和操作习惯，从而设计出更符合人机的操作方式。这套系统能以一种高效、低成本的方式帮助设计师和工程师分析和改进汽车设计，比如想测试某种样式的 A 柱是否影响驾驶员视野，其他汽车厂商需要直接在实体汽车模型上修改，这将耗费近 10 天；而福特公司则将其样式导入虚拟环境，只需 1~2 天，大大地缩短了从设计到开发生产的周期。

（a）（b）

图 5-15　汽车虚拟现实

和汽车的虚拟现实技术一样，虚拟雕刻系统解决方案同样能让设计师完成快速而节省的模型创作，还可以修改规划和扫描数据，将数据输出进行原型制造和打磨。通过虚拟创建的产品能让设计师更直观地感受到产品的体量、立体空间感。如果想要修改设计，只需要在电脑中重新输入数据，修改后的产品样式便可以实时显示。这种快速变更设计、高效产出的系统可以更好地帮助设计师进行创作，创意表达不再被复杂难用的软件所束缚。

我们有理由相信，虚拟现实和增强现实技术的进步，诸如此类的虚拟设计辅助工具将对设计创新带来巨大的帮助。设计师想到的，马上就可以看到，触摸得到，可以实时进行修改，这对设计灵感的激发是个革命式的进步。

基于上面的分析，我们可以对设计工具的未来进行乐观的展望：

1）至 2025 年，设计辅助工具将会有显著的进步。设计思维辅助创新工具、设计进化辅助工具、设计大数据工具、虚拟设计等开始较为广泛的应用，将为设计师提供便利。

2）2025 年之后，人机交互技术进一步发展，和谐自然的交互工具进一步完善，设计师和人机工具相互配合，人机融合的设计将使得设计师如鱼得水，发挥自如，实现设计“所思即所得”。

参考文献
REFERENCES

彼得·蒂尔，布莱克·马斯特斯．从0到1[M]. 北京：中信出版社，2015.

柴春雷，邱懿武，俞立颖．商业创新设计[M]. 武汉：华中科技大学出版社，2014.

杰里米·里夫金．第三次工业革命[M]. 北京：中信出版科学，2012.

克莱顿·克里斯坦森．创新者的窘境[M]. 胡建桥，译．北京：中信出版社，2010.

克里斯·安德森，Chris Anderson, 安德森，等．免费：商业的未来[M]. 北京：中信出版社，2015.

克里斯·安德森，Chris Anderson, 安德森，等．创客：新工业革命[M]. 北京：中信出版社，2015.

利恩德·卡尼．乔纳森传[M]. 北京：中信出版社，2014.

路甬祥．论创新设计[M]. 北京：中国科学技术出版社，2017.

罗伯托·维甘提．第三种创新[M]. 北京：中国人民大学出版社，2014.

罗杰·马丁．商业设计：通过设计思维构建公司持续竞争优势[M]. 北京：机械工业出版社，2015.

潘云鹤．文化构成[M]. 北京：高等教育出版社，2011.

钱·W. 金，勒妮·莫博涅．蓝海战略[M]. 吉宓，译．北京：商务印书馆，2016.

托马斯·洛克伍德，主编．设计思维：整合创新、用户体验与品牌价值[M]. 李翠荣，李永春，等译．北京：电子工业出版社，2012.

维克托·迈尔－舍恩伯格，肯尼思·库克耶，ViktorMayer-Schonberger，等。大数据时代：生活、工作与思维的大变革[M]. 周涛，译．杭州：浙江人民出版社，2012.

沃尔特·艾萨克森．史蒂夫·乔布斯传[M]. 北京：中信出版社，2011.

索 引
INDEX

Q

R

S

T

X

Y